“十二五”职业教育国家规划教材
经全国职业教育教材审定委员会审定

中等职业教育改革创新示范教材

中等职业教育化学工艺专业系列教材

获中国石油和化学工业
优秀教材奖
一等奖

化学工艺概论

HUAXUE GONGYI GAILUN

第二版 ▶

章 红　陈晓峰　编著
李平辉　律国辉　主审

化学工业出版社

·北京·

本书是根据教育部近期制定的《中等职业学校化学工艺专业教学标准》，由全国石油和化工职业教育教学指导委员会组织修订的"十二五"职业教育国家规划教材。

本书依据现代化工企业的现状和现代化学工业的特点，从化工生产的角度出发，结合社会热点，引导学生一步一步地了解化学工业、认识化工企业、走进生产装置，从而掌握必备知识。

本书共分四个单元，主要包括：了解化工企业、熟悉化工生产过程、了解化工机械及设备、识读化工图样。每个单元由若干个项目组成，项目内精心设置了一个个具体的任务，引导读者去探索并完成。本教材编写体例新颖，通俗易懂、图文并茂、引人入胜，并充分考虑了学生的认知特点和企业生产规律，由浅入深、循序渐进，渗透了现代职业教育的理念和现代企业精神。

本书可作为中职化工类专业及相关专业的教材，也可作为高职学校选修课的教材，还可作为现代化工企业的培训教材及供社会人士阅读与参考。

图书在版编目（CIP）数据

化学工艺概论/章红，陈晓峰编著. —2版. —北京：
化学工业出版社，2015.10（2019.10重印）
"十二五"职业教育国家规划教材
中等职业教育改革创新示范教材
ISBN 978-7-122-25045-2

Ⅰ.①化… Ⅱ.①章…②陈… Ⅲ.①化工生产-工艺
学-中等专业学校-教材 Ⅳ.①TQ06

中国版本图书馆CIP数据核字（2015）第204521号

责任编辑：旷英姿　　　　　　　　　　　　装帧设计：王晓宇
责任校对：王素芹

出版发行：化学工业出版社（北京市东城区青年湖南街13号　邮政编码100011）
印　　装：北京东方宝隆印刷有限公司
787mm×1092mm　1/16　印张9½　字数240千字　2019年10月北京第2版第4次印刷

购书咨询：010-64518888　　　　　　　　　售后服务：010-64518899
网　　址：http://www.cip.com.cn
凡购买本书，如有缺损质量问题，本社销售中心负责调换。

定　　价：34.00元　　　　　　　　　　　　版权所有　违者必究

序

职业技术教育是对国家经济运行最为敏感的教育体系，是促进经济社会发展、建设人力资源强国和满足人民群众多样化学习需求的一项基础工程。21世纪的中等职业教育教学改革面临着新形势、新任务、新需求、新企盼，这就促使职业教育工作者全面落实"以服务为宗旨、以就业为导向、以能力为本位"的职业教育教学指导思想，促进职业教育与生产实践、技术推广、社会服务的紧密结合，培养在生产一线工作的具有综合职业能力的高素质技能型、应用型人才。

上海市教育委员会2008年颁布了《上海市中等职业学校化学工艺专业教学标准》，该标准以科学发展观为指导，以服务为宗旨，以就业为导向，以能力为本位，以岗位需要和职业标准为依据，构建了以任务引领型课程为主的现代职业教育课程体系，不仅适应了科学技术进步和社会经济发展，而且满足了学生职业生涯发展的需求。

化学工艺概论是新专业教学标准设置的核心课程之一，该课程在整个课程结构体系中承担着承上启下、专业入门的作用，其目的是为学生打开一扇窗。《化学工艺概论》教材的编者们充分认识到新形势对职业教育提出的新的更高要求，不断更新教育教学思想和观念，改革创新，虚心向企业的工程技术人员请教，出色完成了该教材的编写工作。该教材的特色在于：一是突出了任务引领、做学一体的能力本位原则，从职业需要出发，结合当今社会热点和化工生产实践，"立体"地呈现出专业知识的综合应用力度。二是注意了人文素质培养贯穿于专业知识入门与拓展的全过程，考虑了教材内容与职业资格证书制度的紧密衔接。三是体现了一切以学生为本的理念，内容选择、顺序安排等符合学生实际情况，突出了现代职教特色。四是编写体例新颖和表达方式创新，教材注重整合性，强调实用性，贴近生活实际和学生今后所从事的职业。应该说，这本教材与前后课程的内容衔接得当，既讲授基本原理，又介绍前沿动向，既能引人入胜，又能发人深省，对学生的职业能力和职业素养的养成，起到了明显的促进作用，为学生的可持续发展奠定了良好的基础，《化学工艺概论》的编者们的确给了人们一个惊喜。

教材是教师实施教育教学的主要载体，是学生获取知识、培养和发展能力的重要渠道，是提高教学质量最关键的因素之一。但这并不意味着有了好教材就有了教学的高质量，还需要教师在教学方法上不断改革，在自身知识素养等方面不断提升。教材改革是以课程改革为基础但又是为课程改革服务的。温家宝总理鼓励我们教育工作者树立先进的教育理念，在办学体制、教学内容、教育方法、评价方式等方面进行大胆的探索与改革。当前，我们面临的一项重要而紧迫的任务就是要继续深化中等职业教育教学改革，提高教学质量和技能型人才培养水平，以适应经济社会发展对高素质劳动者和技能型人才培养的要求。

我希望我们的职业教育工作者要以一种全新的理念投入到职业教育的课程改革和教材建设中去，努力加强内涵建设，不断提升教学质量，全面提高学生的素质，促进学生的个性发展，为社会输送更多的高素质技能人才。也期待着有更好的、符合时代发展要求的精品课程和优质教材的问世。

上海石化工业学校校长

苏勇

2009 年 12 月

前　言

本书是根据教育部近期制定的《中等职业学校化学工艺专业教学标准》，由全国石油和化工职业教育教学指导委员会组织修订的全国中等职业学校规划教材。

本书是职业学校化学工艺专业学生的"专业入门"教材及非化工专业学生乃至公民拓展知识的"化工通识"教材。本书自2010年1月第1版出版以来，其新颖的编写理念、综合的概论内容以及活泼的呈现形式颇受职业院校及社会读者的厚爱和好评，4年来已连续印刷6次，并被教育部评为中等职业教育改革创新示范教材。

本教材根据《中等职业学校化学工艺专业教学标准》和相关职业资格标准要求，紧密结合现代化工制造业现状，全方位地构建化学工业与化工生产的整体框架。从职业人和社会人的角度出发，以任务引领的形式，将化工生产与社会热点、生活趣事等有机渗透，立体地介绍化学工业、化工企业和化工生产，培养学生对化工的整体认识和客观了解，增强对专业的认同感和专业兴趣，从而确立职业发展的努力方向和前进目标，为学生后续的专业学习和将来的可持续发展奠定基础。

职业教育要适应科学技术进步、生产方式变革以及社会公共服务的需要，为生产、服务一线培养高素质的劳动者和技术技能人才。随着国家的经济转型和结构调整，随着现代职业教育与经济和社会的融合发展，本教材的适时更新与不断完善也势在必行。本次修订是在广泛征求兄弟院校和相关企业的意见基础上进行的，在保持第1版特色的同时，力图进行更科学更清晰的构建和阐述，为读者提供更多的帮助。本次修订的主要内容有：

1. 对第1版中不完善、不妥当的地方进行了补充和修正，力求做到概念准确，表述严谨。

2. 新增了绿色化工与循环经济、"7S管理"、相关的法律法规、煤代油技术等现代产业理念和先进生产技术等信息，对一些知识窗和加油站内容进行了更新，力求做到紧密接轨社会热点和生产实际，体现知识前沿与学习创新。

3. 对有关单元的内容和条目顺序进行了调整，力求体现教材的科学性、系统性、适用性和前瞻性。

4. 补充了部分习题，尤其是增添了第四单元"识读化工图样——分析与思考"的内容，加强学生对图纸知识的理解和应用，力求学练结合，学以致用。

5. 注重应用现代信息技术诠释教材的呈现形式和拓展方式，上海石化工业学校"化学工艺概论"精品课程团队为此做了大量的工作。登录上海市职教在线——上海市中等职业学校精品课程平台（网址：http://jpkclist1.shedu.net:8080/selfcenter11/centerApp/mySky/webTemp/webIndex.jsp?strID=968），就可查阅本课程的电子教学资源。

本次修订主要由上海石化工业学校章红负责，上海石化工业学校的严小丽、杨立群也参加了本次修订工作。

本书第一版在使用过程中得到了兄弟院校及培训机构的宝贵建议，在修订过程中得到了企业生产技术人员和任课教师的大力支持，上海石化工业学校"化学工艺概论"精品课程建设团队也对本书的修订提出了宝贵的建议，在此一并感谢。

由于编者水平有限，修订后的教材难免仍有不妥之处，恳请专家、同行和读者批评指正。

编者

2015 年 6 月

第一版前言

　　本教材的编写是以《上海市中等职业学校化学工艺专业教学标准》中《化学工艺概论》课程标准为依据，以"任务引领、做学一体"的课程设计思路为原则，结合当今社会最为关注的环境、材料、能源、循环等诸多问题，用工作任务（学习任务）为主线贯穿整本教材。从厂外（远景）、厂区（中景）、装置（近景）、岗位（特写）等不同区间，根据化工生产现状，结合学生的认知特点，层层揭开化工生产的面纱，带领学生愉悦地走进化工世界。

　　化学工业是国民经济的支柱产业，与人类生活息息相关。《化学工艺概论》编写的主要目的在于使学生认识化学工业在国民经济建设中的重要地位和巨大作用，了解化工产品的生产工艺过程，正视化工生产中存在的某些问题，理解实施绿色化工、循环经济的重要性，培养学生的职业素养和综合素质。同时，该教材还承担了承上启下、进行基础知识与专业知识衔接的"桥梁"作用，既使学生感受并体验到以前所学知识的重要，又深刻认识到将要学习的知识和技能的必需。另外，随着社会文明水准的不断提高，社会与企业倡导的文化现象、道德思想、法律与制度等构成的文化内容必定体现在具体的职业要求之中。因此，在提升学生职业能力水平的前提下，本书始终渗透了对学生社会能力的培养和德育精神的构建。

　　在教材框架的安排上，从项目的确立到具体任务的落实，乃至每一个具体任务下的子任务设计，我们都根据工作任务（学习任务）的需要和职业教育教学的特点及规律，采用了由浅而深、环环相扣的方法进行内容的构建：项目与项目之间层层递进、任务与任务之间层层递进、每一个具体的任务内部之间也是循序渐进。

　　在教材内容的选择上，充分考虑学生的特点，尽力体现每一项目与任务的设计都与化工企业或化工生产"无缝"对接，注重专业引领与人文渗透的有机结合，并融合了化工行业相关的职业标准要求。同时，提倡学科知识生活化，引导学生发现生活中的化学化工知识，带领学生在完成任务的过程中轻松且有趣的学习知识与技能。

　　在教材编写的形式上，力求做到体例新颖、图文并茂、通俗易懂、表达清晰，将文字、图片、设疑、趣味活动、知识前沿、加油站、案例欣赏、分析与思考等多种表达方式全方位展现在教材中，使学生愿意看、愿意学、"学""思"结合，学以致用。从而激发学生学习的兴趣和对知识的理解，培养学生独立思考和创新发展的能力。

　　另外，本书在编写过程中，尽可能体现化工行业的新知识、新技术、新工艺、新方法，使教材更加适应现代化工制造业的发展和科学的进步，满足学生就业和职业生涯发展的需要。

本书的编写是根据上海市教育委员会颁布的专业新标准进行的，但也考虑到了地域差异、教学条件等诸多因素，适应面较广。同时，本教材与传统教材在内容选择、体例构建、编写形式、表现手法上均有很大的不同。本书可作为职业院校化工类专业及相关专业的教材，也可作为各类学校为爱好和想了解化工生产的学生开设选修课的教材，还可作为现代化工企业的培训教材及社会人士进行自学的阅读书籍及参考资料。

全书共分四个单元，由上海石化工业学校章红和新疆化学工业学校陈晓峰担任主编。章红参与了全书四个单元的编写，陈晓峰参与了单元一、单元二的编写，上海石化工业学校严小丽参与了单元一、单元二和单元三的编写，福建化工学校吴杰龙参与了单元四的编写。上海石化工业学校孔慧、沈端参与了单元一的编写，上海石化工业学校朱文闻、阮春丽参与了单元四的编写，全书由章红与严小丽统稿。湖南化工职业技术学院李平辉和新疆化学工业学校律国辉担任了本书的主审。

上海石化工业学校苏勇校长、李平清副校长、栾承伟主任、沈晨阳科长，新疆化学工业学校律国辉校长，福建化工学校庄铭星校长，化学工业出版社、北京东方仿真软件技术有限公司等为本书的编写和出版给予了大力的支持和帮助；上海石油化工股份有限公司化工部副总工程师章洪良博士对全书的编写提出了不少宝贵建议，在此谨向他们及所有关心支持本书的朋友们致以衷心的感谢。

由于是化学工艺专业新专业标准下教材编写的初次尝试，同时又限于编者的经历和水平，书中难免会存在不妥之处，恳请读者批评指正，使之日趋完善，成为具有特色的精品教材。

编者

2009 年 12 月

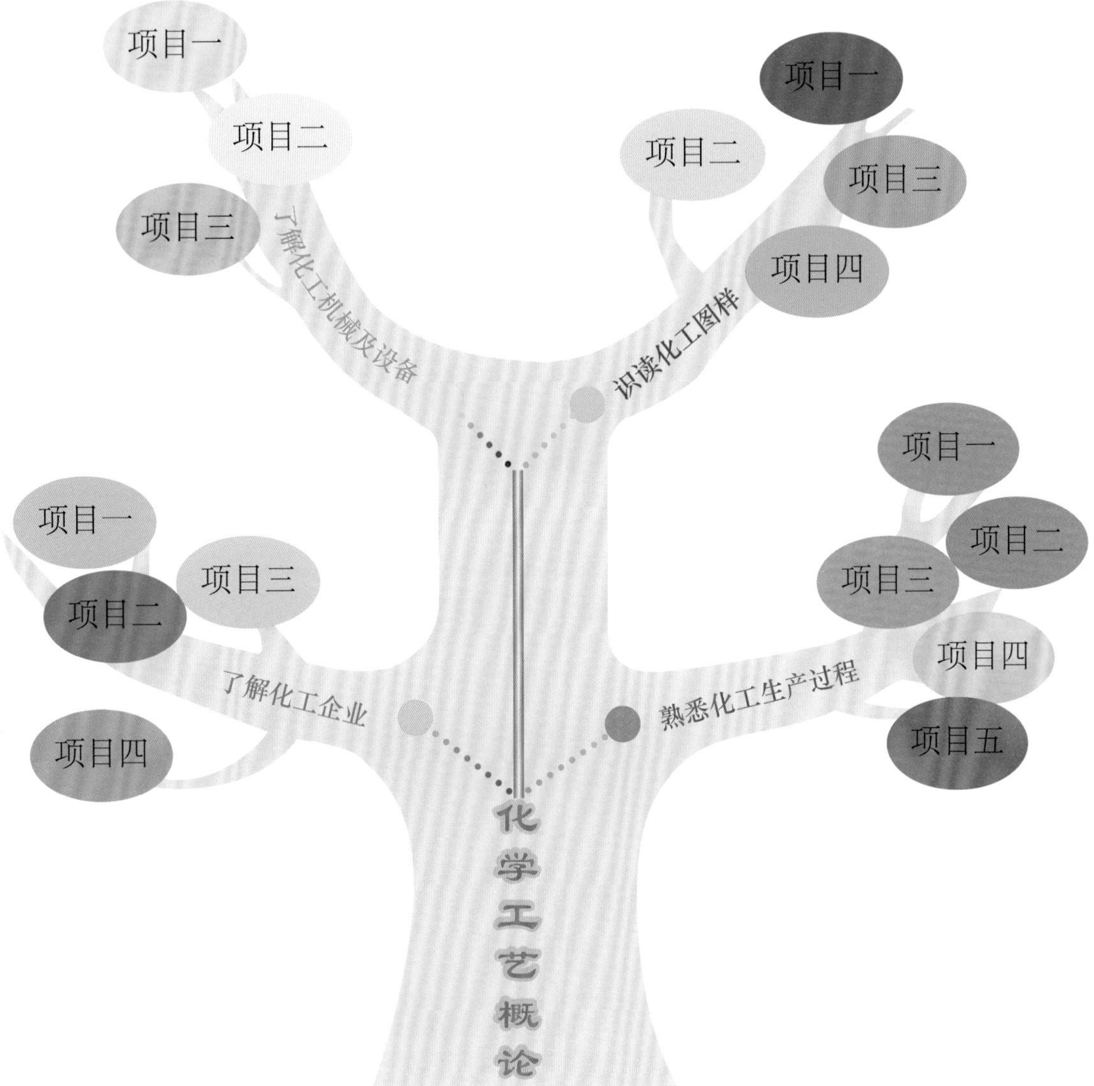
化学工艺概论
了解化工机械及设备
项目一
项目二
项目三
识读化工图样
项目一
项目二
项目三
项目四
了解化工企业
项目一
项目二
项目三
项目四
熟悉化工生产过程
项目一
项目二
项目三
项目四
项目五

目 录

单元三　了解化工机械及设备

单元四　识读化工图样

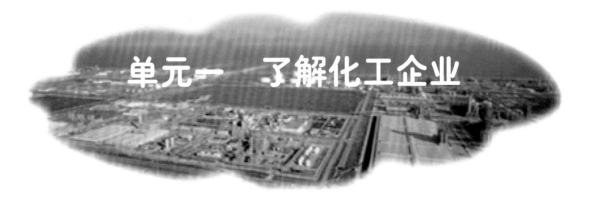

单元一　了解化工企业

学习目标

- 了解化学工业的作用及发展趋势
- 了解化学工业的分类及特点
- 认识QHSE及清洁生产的重要性
- 熟悉化工企业部门组织结构
- 了解化工企业文化
- 具备化工生产人员的基本素养

项目一　认识化学工业

（Knowledge of chemical industry）

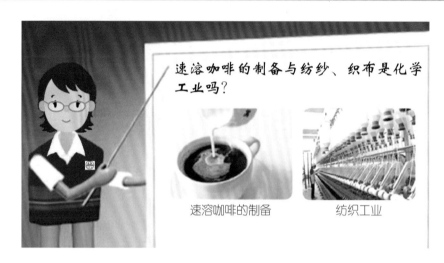

在现代汉语中，化学工艺（chemical technology）、化学工业（chemical industry）、化学工程（chemical engineering）都简称为化工。三者关系密切，互相促进、互相渗透。

化学工艺：即化工技术或化工生产技术。指将原料物质主要经过化学反应转变为产品的方法和过程，包括实现这一转变的全部措施。

化学工业：世界上很多物质通过化学工艺被源源不断地创制出来。起初，生产这类产品的是手工作坊，后来演变为工厂，并逐渐形成了一个特定的生产加工制造行业，即化学工业。

化学工业又称化学加工工业，泛指生产过程中化学方法占主要地位的过程工业。

化学工程：大规模的石油炼制工业和石油化工蓬勃发展，以化学、物理、数学为基础并结合其他工程技术，研究化工生产过程的共同规律，解决规模放大和大型化工企业中出现的诸多工程技术问题的学科。

任务一　认识化学工业的地位、作用及发展

化学工业在国家建设中举足轻重，既是国民经济的支柱产业，又为工农业、交通运输、国防军事、高新技术和人民生活提供原材料和最终消费品。化学工业的产品渗透于现代社会生活的各个领域和人类生活的各个方面，社会发展的各种需求都与化学工业及化工产品息息相关。

1. 认识化学工业的地位与作用

（1）人类的衣食住行都与化学制品有关

丰富多彩的合成纤维是化学的重大贡献；通过化学处理和印染才可获得色泽鲜艳的衣料。

化肥和农药的生产保证了粮袋子和菜篮子的盛满和丰富；

色、香、味、安全俱佳的食品离不开各种食品添加剂。

现代建筑所用的水泥、涂料、玻璃和塑料等化工产品将我们周围的世界装饰得五彩缤纷。

化工产品「博览会」汽车的构造就是一个

各种现代交通工具不仅需要汽油、柴油作动力，塑料座椅、透明车灯、橡胶轮胎、内部装饰以及视听器材等都是化工产品。

另外，药品、洗涤剂、美容品和化妆品等日常生活必不可少的用品也都是化学制剂。

化工产品使我们的生活更美好！

（2）社会发展离不开化学工业

化学工业对于实现农业、工业、国防和科学技术现代化具有重要的意义。

⬇ 化工是农业现代化的物质基础

➤ 化肥、农药促进了农、林、牧、副、渔各业的全面发展；

➤ 农副产品的综合利用和合理贮运，需要化工生产知识和技术。

⬇ 为其他工业的发展提供大量原材料

➤ 为能源工业提供原料、燃料；

➤ 为工业现代化和国防现代化提供各种性能迥异的材料；

➤ 为导弹、人造卫星的发射提供多种具有特殊性能的化工产品等。

⬇ 促进了科学技术的进步

科学技术和生产水平的提高，新的实验手段和电子计算机的应用，加快了化学与其他学科的相互渗透、相互交叉，也大大促进了其他基础科学和应用科学的发展和交叉学科的形成。

为可持续发展做出贡献

可持续发展是建立在社会、经济、人口、资源、环境相互协调和共同发展的基础上的一种发展，其宗旨是既能相对满足当代人的需求，又不能对后代人的发展构成危害。

目前市场上的热点问题
- 寻找净化环境的方法
- 监测环境污染情况
- 新能源的开发利用
- 各种性能的新材料研制；具有电、磁、光和催化等
- 生命过程奥秘的探索
- ……

化学工业面临着经济增长与环境保护的双重压力，众多热点问题的解决都与化学工业密切相关。可持续发展是现代化学工业发展的必由之路。

2. 了解化学工业的发展趋势

21世纪，世界经济全球化进程不断加快，国际技术经济竞争日趋激烈，化学工业在经济全球化进程中，是最为活跃的产业部门之一。

其发展趋势主要表现在以下几个方面。

（1）积极利用和开发高新技术，加快产品的更新换代和技术进步

德国科思创（拜耳）研制生产的模克隆透明塑料制作的蓝光光盘，其存储能力是DVD的五倍。现在拜耳已经瞄准了蓝光光盘的下一代光盘存储技术，使过去一个大屋子里的图书在不远的将来能够储存在一张光盘上。

（2）开发应用绿色化工技术，加快循环经济的步伐

绿色化工技术是21世纪化学工业的主要发展方向之一，主要是指进行清洁生产、制取环境友好产品的全过程。

上海化学工业区坚持一体化开发理念，注意环境保护一体化，不仅化工生产稳步高效发展，而且达到了生产与生态的平衡发展，生产与环境的和谐。

清洁能源
清洁工艺
清洁环保设施
清洁环境

（3）提高化学工业的信息化程度

信息技术将使化学工业从研发到设计、从生产到管理等诸多方面发生重大变革：生产规模大型化、原料和加工方法多样化、产品精细化和专用化等，必将加速化学工业现代化以及生产过程智能化的发展。

（4）清洁生产与节能减排

采用先进工艺技术，降低能耗和物耗，减少废弃物和环境有害物（包括"三废"和噪声等）排放，这是化工持续、快速、健康发展的重要内容和前提条件，是建设资源节约型、环境友好型社会的必然选择。

另外，提高化工环保产业技术和装备水平也将是化工发展的重点领域。

1. 什么是绿色GDP？什么是"碳生产率"？
2. 什么是碳捕获和封存（CCS）技术？
   CCS：carbon capture storage

案例
欣赏 :-)

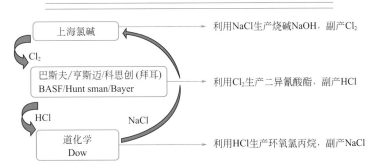

上海化学工业区"一份氯三倍功效"

上海氯碱 ← 利用NaCl生产烧碱NaOH，副产Cl₂

Cl_2

巴斯夫/亨斯迈/科思创（拜耳）
BASF/Hunt sman/Bayer → 利用Cl_2生产二异氰酸酯，副产HCl

HCl   NaCl

道化学
Dow → 利用HCl生产环氧氯丙烷，副产NaCl

上海氯碱：上海氯碱化工股份有限公司
巴斯夫：上海化学工业区巴斯夫化工有限公司
亨斯迈：上海亨斯迈聚氨酯有限公司
拜耳：上海化学工业区拜耳一体化基地
道化学：上海化学工业区陶氏化学公司

新疆天业循环经济产业链

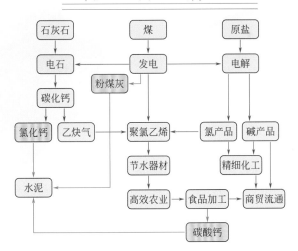

新疆天业集团利用新疆维吾尔自治区境内丰富、优质的石灰石、煤炭、盐巴等矿产资源，把资源优势就地转变为经济优势，构筑了以资源（煤、盐、石灰石）——电——电石——聚氯乙烯——节水器材——高效农业——食品加工的有机产业链环保型循环经济模式，走出了"科技含量高，经济效益好、资源消耗低、环境污染少、人力资源优势得到充分发挥的"新型工业化道路。

任务二　了解化学工业的分类及特点

1. 了解化学工业的分类

化学工业是一个多行业、多品种的产业，既是原材料生产工业，又是加工工业，不仅包括生产资料的生产，还包括生活资料的生产。一般有三种分类法。

（1）按生产原料分类

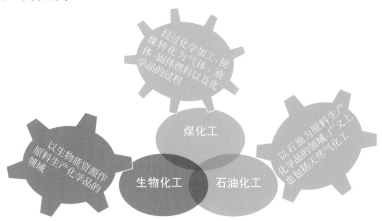

（2）按产品类别分类

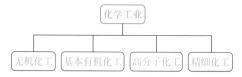

🔸 无机化工：以天然资源及某些工、农业副产品为原料生产无机酸、碱、盐、合成氨、化肥等化工产品的工业。

广义上也包括无机非金属材料和精细无机化学品如陶瓷、无机颜料等的生产。

🔸 基本有机化工：以石油、天然气、煤等为基础原料，主要生产以烃类化合物及其衍生物为主的通用型化工产品的工业。

基本有机化工是发展各种有机化学品生产的基础。

🔸 高分子化工：制备高分子化合物（包括以其为基础的复合或共混材料制备）和成品制造工业。例如塑料、合成橡胶、化学纤维、涂料和胶黏剂等工业。

🔸 精细化工：生产精细化学品工业的统称。

凡加工程度深、纯度高、生产批量小、附加值高、自身具有某种特定功能的化学品都可视作精细化学品。

（3）按产品用途分类

医药
农药
肥料
催化剂和助剂
涂料和颜料
日用化学品
树脂和塑料
橡胶和橡塑制品
……

2. 认识化学工业的特点

（1）原料、产品、生产方法的多样化

 同一种原料可以制造多种不同产品

化学工业的灵活性　同一种产品可采用不同原料

 同一种原料制造不同产品可采用许多不同的生产路线

（2）生产规模大型化与综合化

♦ 大型化：装置规模增大，单位容积、单位时间的产出率随之显著增大，能耗下降。

就乙烯装置而言：从20世纪90年代的50万～60万吨/年装置能力发展到现在的80万～100万吨/年，甚至110万吨/年。人们发现，100万吨/年乙烯生产装置与50万吨/年乙烯生产装置相比较，吨成本可降低约25%。因此，建设大型化装置，发展规模经济，是国内外乙烯工业实现低成本战略的有效途径。

♦ 综合化：资源和能源得到充分、合理的利用。

地处新疆的中国石油独山子石化分公司是我国西部重要的石油化工基地，通过推行清洁生产和循环经济，变"三废"为"三宝"，不仅获得较高的产值，而且成为戈壁滩上的花园工厂，2004年11月被原国家环保总局首批授予了"国家环境友好企业"称号。

（3）生产技术密集化与现代化

现代化学工业的持续发展需要不断采用高新技术进行设计和生产，需要迅速将科研成果转化为生产力以获得更多的经济效益。因此多学科的强强合作，是实现现代化工生产高度机械化、自动化、连续化、智能化的重要保证。

（4）生产过程的安全性和清洁化

化工生产的不安全因素有很多，列于以下。

♦ 易燃、易爆、有毒、有害、腐蚀性强；

♦ 高温、高压、深冷、真空、工艺过程多变；

♦ 污染环境。

只有创建清洁生产环境，大力发展绿色化工，才能确保生产装置安全、稳定、连续、高效运转，这是化学工业赖以持续发展的关键因素之一。

（5）节约能源和资源

化工生产不仅是化学变化过程，而且伴随有能量的传递和转换。化工生产部门是耗能大户，合理用能和节能显得极为重要。

（6）投资大、利润高

化工产品的研发与生产、生产装置与控制系统、企业的基本建设等都需要大量的投资；但由于化工产品产值较高，一旦建成投产，可很快收回投资成本并获得利润。

目前，全世界每年大约消耗1.06×10^{18}cal（100亿～110亿吨油当量，1kcal ＝ 4.1868kJ）的能量。如果以这个体量的传统能源消耗继续运转，综合性的气候和环境会继续恶化。因此，逐步更新以化石能源为主的能源使用体系、大幅度降低二氧化碳的排放、实施清洁能源和新能源势在必行。

任务三 了解化学工业的责任与关怀

1. 化工，让我欢喜让我忧

生产化工产品需要越来越多的自然资源和生产装置，众多问题扑面而来：

◎ 如何从地壳中获得大量原料而不破坏地球的美丽和平衡？

◎ 如何处理生产中出现的大量含有有毒物质的废物以控制大气和水污染？

◎ 如何防止和减少化学物质泄漏以保证工人和普通公众不受化学物质伤害？

◎ 怎样选择合适的操作条件以保证操作工人的生命安全？

 ？？？

> 2007年，原本在福建厦门投资108亿元人民币建造的PX（对二甲苯）项目为何停建并最终迁址？

化学工业给人类创造美好生活的同时也带来了一定的危害，最严重的莫过于环境污染。

2. 认识HSE与清洁生产的重要

（1）HSE

HSE分别是英文Health，Safety，Environment的缩写，即健康、安全、环境。

H 健康 是指人身体上没有疾病，在心理上保持一种完好的状态。

S 安全 是指在生产过程中，努力改善劳动条件，克服不安全因素，使生产活动在保证劳动者健康、企业生产不受损失、人民生命安全的前提下顺利进行。

E 环境 是指与人类密切相关的、影响人类生活的生产活动的各种自然力量或作用的总和。

现代化工生产中只有严格实施安全、环境与健康的管理，才能保障劳动者的安全，避免重大事故的发生，在和谐环境中生产出优质化工产品。

（2）清洁生产

清洁生产的出现是人类对工业化大生产所制造出的有损于自然生态、人类自身污染这种负面作用逐渐认识并所作出的反应和行动。

 清洁生产 不断采取改进设计，使用清洁的能源和原料；采用先进的工艺技术和设备，改善管理，综合利用等措施，从源头削减污染，提高资源利用效率，减少或避免生产、服务和产品使用过程中污染物的产生和排放，以减轻或者消除对人类健康和环境的危害。

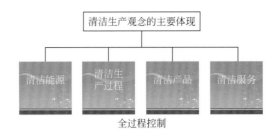

全过程控制

3. 解铃还需系铃人

在保护、清洁环境和治理污染中，化学所处的地位是非常重要和不可替代的，环境污染的治理，化学方法仍占有重要地位。

◎ 社区和化工生产区域环境污染情况调研
◎ 根据化学原理提出解决方案

4. 理解责任与关怀

（1）**责任与关怀的内涵**

企业的社会责任是企业在创造利润、对股东利益负责的同时，要承担对员工、消费者、环境等的社会责任，包括遵守商业道德、注意生产安全、保障职业健康、保护劳动者的合法权益、保护环境、支持慈善事业、捐助社会公益等。

化学品制造企业在生产过程中，有责任关注本企业员工、附近社区及公众的健康与安全，有责任保护公共环境，不应因自身的行为使员工、公众和环境受到损害。

（2）**责任与关怀的性质**

⬇ 促进企业文化提升和企业业务发展的非常有用之工具；

⬇ 企业的自发行动而不是外界的强制标准；

⬇ 员工对企业和社区、环境有自愿的承诺。

（3）**责任与关怀的发展**

1984年：印度灾难性的化学泄漏事件，引起了国际的关注；

1985年：首次提出了责任关怀的理念；

1995年：联合国在巴西召开环境保护大会，一百多个国家提出了保护环境；目前已有52个
　　　　国家加入责任关怀；

2008年5月29日，由国际化学品制造商协会（AICM）主办的"携手发展、共担责任：中国化工行业新形象——社会责任媒体圆桌会"在北京召开。会上，共有24家在中国有重大化工投资的AICM跨国会员企业在53家国内外媒体的见证下，共同签署了《"责任关怀"北京宣言》，承诺携手共担化工行业应尽的社会责任。

（4）**责任关怀对化工企业可持续发展的意义**

⬇ 对安全、健康和环境的有效管理：减少人员伤害、物料损失和环境危害等经济损失。

⬇ 防止污染：一方面，从根本上减少需要处理的废弃物的排放；另一方面，对废弃物采用更加经济安全的处理方法。

⬇ 对能源的有效利用：企业主动地采取更加节约能源的方式进行生产，这是整个化学工业

可持续发展的保证。

⬇ 社区认知和紧急应变：提高企业在紧急状况下的危机管理能力；勇于承担社区责任的行为，树立良好的公关形象，这是企业宝贵的无形资产。

到附近的化工企业参观，感受工厂信息和生产过程。

任务四　理解绿色化工与循环经济

绿色化工和循环经济是中国走可持续发展道路的理想发展模式。

1. 了解绿色化工

（1）掌握绿色化工的概念

绿色化工，又称之为清洁技术或清洁生产。

绿色化工就是用先进的化工技术和生产方法来减少或消除那些对人类健康、社区安全、生态环境有害的各种物质的一种技术手段，代之以无毒、无害的原料或生物废弃物进行无污染环境的化工生产。

（2）知晓绿色化工的内容

绿色化工是21世纪现代化工制造业发展的方向和前沿，是人类社会和化工行业可持续发展的客观要求，是控制化工污染的最有效手段，是化工行业可持续发展的必然选择。

绿色化工工艺主要包括原料、化学反应、催化剂、溶剂、产品的绿色化（5个绿色化）。

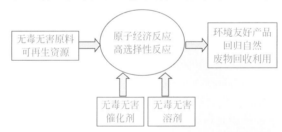

绿色化工提倡"原子经济"（原子利用率）反应，即反应物的原子全部转化为期望的最终产物。理想的原子经济性反应其目标在于提高原子的转化率，使所有作为原料的原子都被产品所消纳，不产生副产物或废物，实现废物的"零排放"。

$$原子利用率 = \frac{预期产物的相对分子质量}{反应物质的相对原子质量总和} \times 100\%$$

原子利用率越高，反应产生的废弃物越少，对环境造成的污染也越少。

2. 理解循环经济

（1）掌握循环经济的概念

　　循环经济指的是在可持续发展的思想指导下，将生产所需的资源通过回收、再生等方法再次获得使用价值，实现循环利用，减少废弃物排放的经济生产模式。

　　实施循环经济的目的是通过资源高效和循环利用，达到污染的低排放甚至零排放，保护环境，实现社会、经济与环境的可持续发展。

（2）了解循环经济的基本原则

循环经济最基本的原则可以概括为"3R"原则：减量化原则、再利用原则、再循环原则

减量化 Reduce　即减少进入生产和消费过程中的物质和能源流量。

减量化原则是循环经济的第一原则，其主张从源头抓起，是一种预防性措施。

再利用 Reuse　即尽可能延长产品的使用周期并在多种场合使用，抵制当今世界一次性用品的泛滥。

再利用原则是循环经济的第二原则，属于过程性的方法。

再循环 Recycle　即最大限度地减少废弃物的排放，力争排放的无害化，实现资源再循环。

再循环原则是循环经济的第三原则，其本质上属于一种末端治理的方法。需要强调的是，推进循环经济，并不排斥"末端治理"。

项目小结

1.化学工业的巨大贡献和发展趋势
- 衣食住行、文化生活、社会发展等诸方面；
- 技术进步、绿色化工、循环经济、节能减排等。

2.化学工业的分类与特点
- 分类方法；
- 特点。

3.化学工业的责任与关怀
- "化工，让我欢喜让我忧"的原因；
- 化学在治理污染，保护环境中的作用；
- 责任与关怀。

4.绿色化工与循环经济
- 绿色化工的概念及内容；
- 循环经济的概念及基本原则。

项目二　了解化工企业组织部门结构

（ Understanding organizational structure of chemical enterprise ）

小王和他的同学兴致勃勃地去海天化工厂报到，但他们跨进工厂大门后首先该去哪一个部门呢？

厂长室？
人力资源部？
财务部？
培训部？
……

任何一家有一定规模的企业，不可能是由个人单枪匹马地进行各项活动，一定存在着严谨的组织机构进行分工、协调与管理，从而实现企业的经营目标。

任务一　了解化工企业部门的分类

1. 了解现代化工企业的组织结构

（1）概念

现代企业组织结构是指企业全体员工为实现企业目标而进行的分工协作，在职务范围、责任、权力方面所形成的结构体系。

（2）作用

现代企业组织结构是现代企业制度的重要组成部分，是企业存在和运行的管理体现与保障机制，也是企业实现有效治理的基础。

（3）意义

建立组织机构、明确各部门的职权范围、合理配置各种资源、协调各组织机构之间相互运作关系，才能高效完成企业的任务，保障体系的有效运行。

2. 熟悉现代化工企业组织结构的基本类型

化工企业组织结构形式很多，重要且常用的有：

（1）U形组织结构（亦称职能部门型组织结构）

即公司内部划分生产、销售、开发、财会等职能部门，公司总部从事业务的策划和运筹，直接领导和指挥各部门的业务活动和经营管理，见图1.1U形结构框架图。

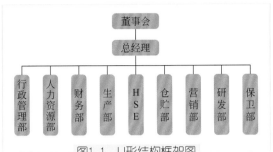

图1.1　U形结构框架图

U形结构至今仍是我国大多数企业所采用的结构类型。总经理负责制下的每个部门各尽其责，维护企业的正常运转。

以生产部为例，生产部是负责从原料到产品整个生产过程的主要部门，见图1.2生产部结构框架图。

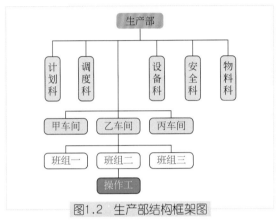

图1.2　生产部结构框架图

（2）M形组织结构（亦称事业部门型组织结构）

M形结构下设若干个按产品、服务、客户或地区划分的分支机构（事业部），公司总部授予事业部门很大的经营自主权，使其内部类似一个个独立的企业，根据市场情况自主经营、独立核算、自负盈亏。

目前大中型企业广泛使用M形结构。图1.3为一大型石油化工企业的组织结构图。

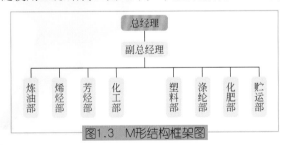

图1.3　M形结构框架图

（3）H形组织结构（亦称控股公司型组织结构）

H形组织结构较多地出现在由横向合并而形成的企业之中，合并后的各子公司保持了较大的独立性，总公司则通过各种委员会和职能部门来协调和控制子公司的目标和行为。

例如，上海华谊（集团）公司所属全资和控股企业有：上海天原（集团）有限公司、上海轮胎橡胶（集团）股份有限公司、上海焦化有限公司、上海吴泾化工有限公司等。

江苏中丹集团拥有子公司16家，例如：江苏瑞星化工有限公司、江苏圣泰科合成化学有限公司、泰华精细化工有限公司等。

任务二　了解化工企业主要部门的职能

以常见的U形组织结构为例：

行政管理部

（1）处理相关文件；

（2）实施信息管理；

（3）研究法律问题；

（4）关注公司发展等。

财务部

（1）负责营运财务管理，如处理资金、预算、发票、利润控制、工资发放等；

（2）负责财务预测、财务计划与财务分析；

（3）进行资产购置（投资），资本融通（筹资）、营运资金以及利润分配的管理等。

人力资源部

（1）安排员工的计划、招聘及福利；

（2）进行薪资体系的控制（基本工资与加班工资）；

（3）开展全体员工的职业培训和拓展培训等。

生产部

（1）利用原料生产新产品直至达到规定的质量要求；

（2）对产品进行包装；

（3）具有先进的测量控制手段和分析方法等。

HSE

HSE：健康、安全、环境

（1）检查所有的生产过程、装置操作状态，避免并预防事故和危险的发生；

（2）准备预防措施（如：医务室/医疗中心、消防、个人防护用品的分布、安全设备的控制）；

（3）进行深层次的安全和环境保护教育；

（4）保证员工避免在工作环境受到化学、物理、生态的影响。

仓贮部

在企业内外部对原材料、中间品、最终产品、机械、备件、能源等进行有效的贮存。

……

项目小结

1. 现代化工企业组织机构的作用
2. 现代化工企业组织机构的基本类型
   - U形组织机构
   - M形组织机构
   - H形组织机构
3. 现代化工企业主要部门的职能
   - 财务部
   - 人力资源部
   - 生产部
   - HSE

……

项目三 了解化工企业文化

（Understanding the business culture）

什么是企业文化？
员工参与的文化娱乐活动，企业张贴的有气势且放之四海皆可用的标语口号，工厂门口悬挂的铜牌，群众体育先进单位的铜牌，这些是企业文化吗？

企业文化是普遍存在的，有企业的地方就有企业文化。企业文化是一个企业的"灵魂"，是企业经营活动的"统帅"，经济全球化背景下的企业文化不仅是企业自身发展的动力，也是企业竞争的重要资本，在企业经营发展中具有无法替代的核心作用。

任务一 理解化工企业文化的内涵

1. 理解企业文化的基本概念

企业文化指企业受社会文化影响，在其生产经营过程中逐步形成的、为全体员工所认同并遵守的价值观念、经营哲学、伦理道德、精神风貌等，以及这些理念在生产经营实践、管理制度、员工行为方式与企业对外形象体现的总和。

2. 认识企业文化的要素

（1）企业环境——决定企业的行为

企业环境指的是企业的性质、外部环境、经营方向、企业的社会形象、与外界的联系等方面。

提高质量
服务客户

（2）价值观——"顾客就是上帝！"

企业所倡导的价值观是指企业内成员对某个事件或某种行为好与坏、善与恶、正确与错误、是否值得仿效的一致认识。

（3）英雄人物——形成和强化企业文化

企业所倡导的价值观不能只是文字口号，需要在企业员工中有活生生的人物来实现，这种人物就是企业所树立的"英雄人物"。英雄人物是企业文化的核心人物或企业文化的人格化，其作用在于给企业

铁人王进喜

中其他员工提供可供仿效的榜样。

（4）文化仪式——体现企业文化的内涵

企业文化仪式是指企业内的各种表彰、聚会及文体活动，通过一些生动活泼的活动宣传和体现企业的价值观，潜移默化，"寓教于乐"。

（5）文化网络——传播文化信息

企业文化网络是非正式的信息传递渠道。由某种非正式的组织和人群，以及某一特定场合所组成，它所传递出的信息往往能反映出职工的愿望和心态。

3. 了解企业文化的功能

（1）导向功能

企业文化的导向功能对企业的领导者和职工起引导作用。

例如：上海石化倡导的"用最好的回报社会"；杜邦公司弘扬的"通过化学用更好的产品来提高生活水平。"

（2）约束功能

企业文化的约束功能是通过完善管理制度和道德规范来实现对企业各方面的约束（有效规章制度的约束，道德规范的约束）。

例如：化学实验室安全规章制度；精馏工段精神文明岗条例等。

（3）凝聚功能

在企业中营造一种团结友爱、相互信任的和谐氛围，强化团体意识，提倡人性化管理，使企业职工之间形成强大的凝聚力和向心力。

例如："厂兴我荣，厂衰我耻"；"爱厂如家"、"亲如手足"等。

（4）激励功能

通过宣传和表彰企业精神和企业形象，使企业职工感到自己存在和行为的价值，产生强烈的荣誉感和自豪感，加倍努力去维护企业的荣誉和形象。

例如：先进生产者表彰大会；"合理化建议你我谈"等。

（5）调适功能

调适就是调整和适应。通过自我调节和适应企业内外之间存在的一些不协调和不适应，探讨解决矛盾的措施与方法。

例如：心理咨询；班组民主生活会等。

任务二　了解化工企业文化的内容与作用

1. 认识企业文化的构成

（1）精神文化层

精神文化层包括企业核心价值观、企业精神、企业哲学、企业理念、企业道德等。例如化工企业倡导的责任关怀：以人为本、安全至上、保护环境、不断创新等。

（2）制度文化层

企业的各种规章制度以及这些规章制度所遵循的理念，包括人力资源理念、营销理念，生产理念等。

对于化工生产企业，强调员工的责任心培养、严格规范操作等尤为重要。

（3）物质文化层

物质文化层包括厂容、企业标识、厂歌、文化传播网络。

2. 了解企业文化的内容

企业文化包括企业的经营观念、企业精神、价值观念、行为准则、道德规范、企业形象以及全体员工对企业的责任感、荣誉感等。

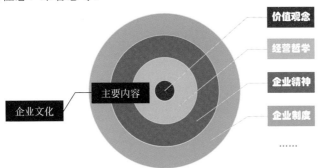

（1）经营哲学

经营哲学也称企业哲学，是企业特有的从事生产经营和管理活动的方法论原则。它是指导企业行为的基础。

例如：新疆独山子石化公司"适应市场、顾客至上、志在创优、竭诚服务"的经营宗旨。

（2）价值观念

价值观念是人们基于某种功利性或道义性的追求而对其（个人、组织）本身的存在、行为和行为结果进行评价的基本观点。

企业价值观决定着职工行为的取向，关系到企业的生死存亡。

例如，扬子石化的核心价值为：重视社会责任，注重员工价值，提升股东价值。

（3）企业精神（企业文化的核心）

企业精神是指企业基于自身特定的性质、任务、宗旨、时代要求和发展方向，并经过精心培养而形成的企业成员群体的精神风貌。

企业精神通常用一些既富于哲理，又简洁明快的语言予以表达，既便于职工铭记在心，也便于对外宣传，从而形成个性鲜明的企业形象。

例如：福建炼化公司一直实行的"world计划"是努力朝着建造先进的世界级炼油化工基地目标迈进。

（4）企业道德

企业道德是指调整本企业与其他企业之间、企业与顾客之间、企业内部职工之间关系的行为规范的总和。

注意：企业道德不同于法律规范和制度规范，没有强制性和约束力，但具有积极的示范效应和强烈的感染力。

例如：中国老字号同仁堂药店把中华民族优秀的传统美德融于企业的生产经营过程之中，"济世养身、精益求精、童叟无欺、一视同仁"。

（5）团体意识

团体即组织，团体意识是指组织成员的集体观念。团体意识是企业内部凝聚力形成的重要心理因素。

（6）企业形象

被消费者和公众所认同的企业总体印象称为企业形象。

外部特征（表层形象）：招牌、门面、徽标、广告、商标、服饰、营业环境等；

经营实力（深层形象）：人员素质、生产经营能力、管理水平、资本实力、产品质量等。

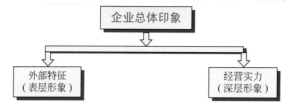

（7）企业制度

企业制度是指在生产经营实践活动中所形成，对人的行为带有强制性，并能保障一定权利的各种规定。

3. 认识企业文化的作用

（1）规范行为；

（2）激励创造；

（3）优化氛围；

（4）凝聚队伍等。

任务三　了解企业"7S"管理制度

所谓的7S就是"整理"（Seiri）、"整顿"（Seiton）、"清扫"（Seiso）、"清洁"（Seikeetsu）、"素养"（Shitsuke）、"安全"（Safety）、"节约"（Saving）。

"7S"管理实质上是环境与行为建设的文化体现，它能有效解决工作场所凌乱、无序的状态，有效提升个人行动能力与素质，有效改善文件、资料、档案的管理，有效提升工作效率和团队业绩，使工序简洁化、人性化、标准化。

1. 理解"7S"管理的内涵

"7S"管理内涵见表1.1。

表1.1　"7S"管理的内涵

7S项目	图示	基本含义
整理（Seiri）		区分必需品和非必需品，现场不放置非必需品
整顿（Seiton）		实施定置管理规定，合理摆放物品并进行有效标识
清扫（Seiso）		清扫工作现场，注重细微之处，保持整洁干净
清洁（Seikeetsu）		将整理、整顿、清扫过程进行到底并制度化和规范化

续表

7S项目	图示	基本含义
素养（Shitsuke）		养成严格遵守规章制度的习惯和作风，增强团队意识，消除不良行为
安全（Safety）		消除工作中的一切不安全因素，保障人身安全和生产正常，减少因安全事故而带来的经济损失
节约（Saving）		形成节约意识，减少物料与能源的消耗

2. 了解"7S"管理的重要作用

"7S"（整理、整顿、清扫、清洁、素养、安全、节约）管理方式是企业管理的基础，它不仅保证了公司优雅的生产和办公环境，良好的工作秩序和严明的工作纪律，同时也提高了工作效率，在生产高质量、精密化产品的同时，达到减少浪费、节约物料成本和时间成本的基本要求。

（1）改善和提高企业形象。

（2）提高工作效率。

（3）改善零件在库周转率。

（4）减少直至消除故障，保障品质。

（5）保障企业安全生产。

（6）降低生产成本。

（7）改善员工精神面貌，使组织具有活力。

（8）缩短作业周期，确保交货日期。

项目小结

1. 企业文化的内涵
- ⊙ 企业文化
- ⊙ 基本要素
- ⊙ 主要功能

2. 企业文化的内容及作用
- ⊙ 基本构成
- ⊙ 主要内容
- ⊙ 重要作用

3. 企业"7S"管理制度
- ⊙ 内涵
- ⊙ 作用

案例欣赏：–) 企业文化集锦

　　企业文化是企业以物质为载体的精神现象，是企业发展过程中逐渐积累形成的，由企业的全体成员共同接受并普遍享用。

　　世界上没有两片完全相同的树叶。每个企业都在特定的环境中生存与发展，不同的企业文化具有鲜明的个性特点。

● 大庆文化："有条件上，没有条件创造条件也要上"；
　　艰苦创业、三老四严等。

● 挪威石油公司：用国家的资源造福于社会。

● 海尔文化：创造中国的世界名牌。

● 诺基亚：科技以人为本。

● 联想：做任何工作，都要遵循三个准则：
　　第一条，"如果有规定，坚决按规定办"；
　　第二条，"如果规定有不合理处，先按规定办并及时提出修改意见"；
　　第三条，"如果没有规定，在请示的同时按照联想文化的价值标准制定或建议制定相应的规定。"

项目四 培养化工生产人员的职业素养

（Cultivating Professionalism of Operation Personnel in Chemical Industry）

1. 作为现代化工企业的一名操作工，应该具有怎样的职业道德？

2. 某人不愿意和他人共事，喜欢独来独往，这样的性格适合化工操作吗？

3. 你有否想过自己将来到底做什么？是否规划过自己的人生？

……

随着社会分工的发展和专业化程度的增强，市场竞争日趋激烈，从业人员基本素养的内容越来越丰富，整个社会对从业人员的职业观念、职业态度、职业技能、职业纪律和职业作风的要求越来越高。可以说，一个人的发展，在相当程度上取决于他的职业素养。

任务一 了解相关的法律法规

法律是国家制定或认可、由国家强制力保证实施的公民必须遵守的行为规则和社会规范；纪律是维护集体利益并保证工作顺利进行而要求成员必须遵守的规章和条文。在社会主义民主政治的条件下，从国家的根本大法到基层的规章制度，都是民主政治的产物，都是为维护人民的共同利益而制定的。

法律在公民生活中的作用体现在：
（1）规范人们的行为；
（2）维护公民的合法权益。

1. 认识遵纪守法的重要意义

法律离我们并不遥远，无论是在家庭生活、社会生活乃至职场工作中，法律都与我们息息相关。作为国家的公民，应该逐渐培养自己的法律意识，热爱和拥护我国现行法律；同时，用法律维护自己的合法权益，规范自己在劳动、工作、生活中的所作所为，这不仅可以保护国家、集体和公民个人的合法利益，巩固安定的社会秩序，而且对维护社会主义法律的尊严和权威，都具有巨大意义。

对于现代社会公民来说，遵纪守法是最基本的素质和义务，是保持社会和谐安宁的重要条件。只有依法规范自己的行为，依法享有应有的权利，自觉履行法律规定的义务，依法维护自己的合法权益，才能建设高度文明、高度民主的社会主义国家，实现中华民族的伟大复兴。

2. 了解化工企业适用的法律法规及相关标准

在职场中，法律和责任无处不在。从业人员尤其要遵守职业纪律和与职业活动相关的法律法规，这是从业人员的基本素质、应尽义务和基本要求。无论何种职业何种岗位，只有熟悉明确国家法律法规与企业规章制度，懂得遵从法纪，将法纪和责任自始至终贯穿着工作的全过程，才有可能向更高层次迈进。

化工行业属于各类工业企业中的高危行业。员工的遵纪守法，体现在既要熟悉明确国家法律法规与企业规章制度，又要时时处处自觉维护法律法规，在内心深处用法纪来约束自己的行为，在规矩下认真做事，这样才能提高企业的竞争力和可持续发展，最大限度地发挥自己的人生价值。

化工行业使用的法律法规及相关标准主要有以下。

（1）综合类

《中华人民共和国宪法》；《中华人民共和国劳动合同法》；《中华人民共和国产品质量法》；《中华人民共和国消防法》；《中华人民共和国环境保护法》；《中华人民共和国节约能源法》；《中华人民共和国清洁生产促进法》；《中华人民共和国可再生能源法》；《中华人民共和国道路交通安全法》；《中华人民共和国工会法》等。

（2）安全生产类

《中华人民共和国安全生产法》；《安全生产许可证条例》；《生产安全事故报告和调查处理条例》等。

（3）职业健康和劳动保护类

《中华人民共和国职业病防治法》；《职业病诊断与鉴定管理办法》；《工伤保险条例》；《工作场所职业健康监督管理暂行规定》；《使用有毒物品作业场所劳动保护条例》等。

（4）危险化学品管理类

《危险化学品安全管理条例》；《危险化学品登记管理办法》；《化学品安全标签编写规定》；《危险化学品输送管道安全管理规定》；《常用危险化学品的分类及标志》等。

（5）其他

《特种设备安全监察条例》；《特种作业人员安全技术培训考核管理规定》；《生产经营单位安全培训规定》等。

任务二　掌握基本的职业道德

职业道德指的是从业人员在职业活动中应遵循的行为准则，涵盖了从业人员与服务对象、职业与职工、职业与职业之间的关系。

1. **认识职业道德的作用**

（1）规范从业人员的职业行为规范；

（2）培养从业人员的职业理想和情操；

（3）调节职业利益关系；

（4）承担社会的道德责任和义务。

2. **了解职业道德的要件**

（1）诚实守信

考察员工的首要条件，主要体现在勤奋踏实工作、维护公司利益，维护集体荣誉，危难是检验忠诚的最佳工具。

| 在企业里你掌握了某一门化工产品配方技术，现在有人出高价让你透露该技术。你将如何处理？

　　结论：忠诚于企业；
　　　　　　维护企业利益。
这不仅是道德范畴，也可能是法律范畴。 |  |

（2）爱岗敬业

任何一名从业人员都必须有责任感。

⬇ 对自己负责！

⬇ 对单位负责！

⬇ 对社会负责！

从"三鹿奶粉安全事故"中我们领悟到了什么？

　　2008年6月28日，兰州市的解放军某医院收治了一例患"肾结石"病症的婴幼儿。家长反映，孩子从出生起，就一直食用河北石家庄三鹿集团所产的三鹿婴幼儿奶粉。7月中旬，甘肃省卫生厅也接到医院多例婴儿泌尿结石的病例报告，并发现患儿多有食用三鹿牌婴幼儿配方奶粉的历史。经卫生部证实：多例婴幼儿泌尿系统结石的病例，都与石家庄三鹿集团的产品受到三聚氰胺污染有关。这次震惊全国的三鹿奶粉事件，导致了多名婴孩死亡，逾30万儿童患病。

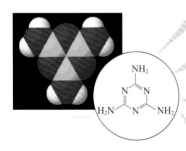

三聚氰胺（分子式 $C_3N_6H_6$）

　　是一种以尿素为原料生产的氮杂环有机化合物，常温下为白色单斜晶体，无显著异味，主要用于木材加工、塑料、涂料、造纸、纺织、皮革、电气、医药等行业。

　　由于国内尿素生产成本较低，我国目前是世界最大的三聚氰胺生产基地和出口国。

　　实验证明，动物长期摄入三聚氰胺会造成生殖、泌尿系统的损害，导致膀胱、肾结石等。

　　由于食品和饲料工业蛋白质含量测试方法的缺陷，三聚氰胺也常被不法商人用作食品添加剂，以提升食品检测中的蛋白质含量指标，因此三聚氰胺也被称为"蛋白精"。

（3）做好本职工作

在社会生活中，有很多看似平凡的职业，但它们都是社会这台大机器正常运转不可缺少的组成部分。在化工企业，只有做好自己的本职工作，才能保证化工生产正常运行。

> 每个员工都是企业得以运作的一个齿轮。

（4）乐于服务大众

- 关心群众疾苦
- 提高服务质量

（5）提倡奉献精神

"只要人人都献出一点爱，世界将变成美好的人间！"

案例欣赏：一）在美国标准石油公司发生的故事

美国标准石油公司曾经有一位小职员，他的名字叫阿基勃特。他在出差住旅馆时，总是在自己签名的下方，写上"每桶4美元的标准石油"字样，在书信及收据上也不例外，签了名，就一定写上那几个字。

公司董事长洛克菲勒知道这件事后说："竟有职员如此努力宣扬公司的声誉，我要见见他。"于是邀请阿基勃特共进晚餐。

后来，洛克菲勒卸任，阿基勃特成了第二任董事长。

任务三　能合作完成任务

1. 具有团队精神

团队精神是指团队成员自愿并主动为了团队的利益和目标相互协作、尽心尽力、努力奋斗的意愿和作风。

> 1. 组建团队，开展团队合作训练；
> 2. 思考：组成了团队，是否就有了团队精神？
>   是否拥有共同的团队理念？
>   是否能相互宽容和相互信任？
>   是否拥有需共同努力才能达到的目标？
>   只要是团队，就一定产生能1+1＞2的行为结果？

有团队不等于有团队精神，要想团队产生整体大于部分之和的效果，必须发挥团队精神的力量。

2. 协同合作是发挥团队精神的核心

在化工生产过程中，每个岗位都不孤立，而且上下岗位相互承接，相互影响。产品质量不仅取决于本岗位的操作质量，而且与前后工序的操作都有关系。因此，单靠本岗位操作来提高产品质量是不现实的，需要各个岗位相互沟通协作，保障生产装置安全高效运行。因此，团结协作对化工操作来说是非常重要。

 案例欣赏　:-)　团结就是力量！

　　某职业技术学院不同专业的三名学生，在一次全国机器人大赛上为大家演示了他们共同制造的机器人指挥飞船起航、左转和降落的过程。在场的同学不禁问：是什么力量使他们走到一起？其实，他们三人有着共同的兴趣，又都十分有个性，各有所长。开始，他们曾因意见不合吵架，还不能统一意见，就各自做一个。后来在竞争中，他们学会了协作，一个搞机械，一个搞编程，一个搞创意。这样既充分发挥各人所长，又协同合作，终于获得成功。

任务四　能与他人交流与沟通

1. 建立正常和谐的人际关系

　　　　我个性好静，除了工作上必须向领导汇报外，从来不主动与同事交流工作和生活，久而久之，我发现同事们离我越来越远，跟他们协调工作也感到困难了，我该怎么办？

　　　　这主要是由于你忽视了与同事们的正常沟通与交流，我们是一个工作集体，同事间正常的沟通与交流，可以增加相互理解和信任，有利于工作。因此，你应该主动地找同事讨论工作，多与同事进行沟通和交流。

2. 不要加入小团体

　　在企业里，不要把自己的交往对象只限定于三五个同事，而应与企业的所有员工都建立起良好的关系，乐于帮助他们，倾听他们的心声。这样，就不会被别人误以为在搞小团体了。

　　加入小团队的危害：
　　◎往往只从本地区、本部门的利益出发，为了眼前的局部利益而牺牲长远的全局利益。
　　◎不利于个人与大团体其他人的沟通，不利于学习与交流。严重的时候，容易使个人成为某些人嫉妒的对象，成为众矢之的。
　　◎小团体主义的蔓延会涣散人心，导致经济效益低、企业竞争力弱化，甚至带来社会的不稳。

任务五 明确从业人员的职业定位

一位记者到建筑工地采访，分别问三个建筑工人一个相同的问题："你们在干什么活？"他们分别回答到：

"我正在砌一堵墙。"

"我正在盖房子。"

"我在为人们建造漂亮的家园。"

若干年后，记者碰到了这三个工人，结果令他大吃一惊。当年第一个工人还是一个建筑工人，像从前一样砌着他的墙；而在施工现场拿着图纸的设计师，竟然是当年的第二个工人；至于第三个工人，他现在成了一家房产公司的老板，前两个工人正在为他工作。

1. 明确自己的职业定位

一般来说，职业定位有两层含义：一是确定自己是谁，适合做什么工作；二是告诉别人你是谁，擅长做什么工作。职业定位就是要求我们要了解自己、了解职业、了解自己和职业要求的差距以便确定自己的职业取向和发展方向，在此基础上再将自己的定位展示给别人以获得发展的机会。

理想是人生奋斗的目标、前进的动力，是人生拼搏努力的精神支柱。根据社会发展、职业需求和个人特点，合理定位，科学规划，为将来职业生涯奠定扎实的基础，才能把握自己的人生道路，同时为社会作出更大的贡献。

2. 制定个人职业生涯规划

美国有一个成功学大师曾经提出过一个经典的成功公式：

成功＝明确目标＋详细计划＋马上行动＋检查修正＋坚持到底。

职业生涯领域何尝不是如此：首先选择一个最适合自己发展的行业和工作，确定目标；同时对自己整个的职业生涯进行初步规划，最后付诸行动；还要不断地对自己的目标和计划进行检查修正，只要坚持到底，一定能获得职业生涯的成功。

（1）认识职业生涯不同阶段

🔻 进入组织；

- 职业早期；
- 职业中期；
- 职业后期等。

（2）制定个人职业生涯规划

- 实事求是；
- 切实可行；
- 个人目标与组织目标一致；
- 修正与完善。

趣味活动

1."头脑风暴"：当今社会需要什么样的职业道德?

2.撰写自己的职业生涯规划。

知识窗

　　说起团队精神的兴起，还要从日本说起。团队的流行其实跟20世纪60年代日本经济腾飞有关。1962年日本科学家及工程师协会注册了第一个质量小组，以此为标志，日本被认为是最早在企业中引入团队工作模式的国家。

　　20年前，丰田、沃尔沃等公司将团队精神引入生产和管理中，给公司增添了无穷的活力和竞争力，在日本轰动一时，很多媒体跟踪报道这些知名公司的工作过程和事迹。仅仅20年的时间，团队精神已经渗透到各个优秀企业、各个部门。团队精神是所有进取型组织的期待，也是高绩效组织的基石。

项目小结

1. 法律法规
   ○ 意义
   ○ 化工企业适用的法律法规及相关标准

2. 基本的职业道德
   忠诚、责任等

3. 合作完成任务的要件
   ○ 具有团队精神
   ○ 注重团队合作

4. 交流与沟通的技巧
   ○ 建立良好的人际关系
   ○ 不加入小团体

5. 从业人员的职业定位
   职业定位　职业生涯

1. 什么是化学工业？谈谈你对化学工业的认识与了解。

2. 请说出现代化学工业的特点。

3. 什么是绿色化工技术？什么是循环经济？

4. 在现代化工企业中为何强调要实施绿色化工和循环经济？

5. 请说出化学工业的分类。

6. 什么是化学工业的"责任与关怀"？作为化工企业的员工该为"责任与关怀"做点什么？

7. "责任与关怀"对目前国内的某些化工企业来说，有何监督意义和社会责任？

8. 全球气候变暖是全世界公民都面临的挑战，化学工业在碳捕获及储存（CCS）方面应当做些什么？你应该做点什么？

9. 对于化工生产引出的污染，请说出你对"解铃还需系铃人"的理解。

10. 请说出现代化工企业内部主要的部门机构及功能所在。

11. 企业文化的功能是什么？举例说说你最欣赏的一些企业文化。

12. 职业道德的基本要件有哪些？

13. 企业员工的职业道德建设与企业自身发展的关系何在？

14. 若干人组成了一个团队，该团队是否就有了团队精神？为什么？

15. 现代化学工业的发展趋势有哪些？

16. 作为一名化工生产操作工，应该具备哪些素质？

17. 请概述"7S"管理活动的具体内容。

18. 请结合学习和生活实际，谈谈化工企业实施"7S"管理的意义。

19. 请根据化工生产性质，叙述遵纪守法的重要性。

单元二　熟悉化工生产过程

学习目标

- ✤ 掌握化学化工基本知识
- ✤ 认识化工生产原料及产品
- ✤ 熟悉化工生产的工艺过程
- ✤ 了解化工生产的操作规程
- ✤ 了解质量检测与过程控制

项目一　掌握化学化工基本知识

（ basic knowledge of chemical technology ）

什么是化学反应？什么是化合物？
化学变化有哪些特征？
地底下的石油怎么变成了保鲜膜？
化工生产过程遵循什么规律？
……

任务一　认识化学与化学反应

世上万事万物都在变化之中：春种秋收、江河奔流、金属生锈、空气污染等，变化是无所不在的现象。物质的这些变化，其实都可以分为两种类型，只改变物质状态不改变性质的变化称为物理变化，例如洗好的衣服晒干，气体压缩等；如果一些物质在改变的过程中转化为性质不同的新物质，则是化学变化，例如木材的燃烧、食物的消化等。

1. 化学是打开物质世界的钥匙

（1）基本概念

化学是研究物质的组成、结构、性质及其变化规律和变化过程中能量关系的基础自然学科。简言之，化学就是主要研究物质的化学变化。

化学学科的主要分支：无机化学、有机化学、分析化学、物理化学等。

化学与其他学科交叉结合形成多种边缘学科：生物化学、材料化学、环境化学、地球化学等。

（2）化合物

■ 无机化合物

一般指碳元素以外各元素的化合物，如水、食盐、硝酸等。

一些简单的碳的氧化物、碳酸、碳酸盐、金属碳化物等，其组成和性质与无机化合物相似，因此也称为无机化合物。

■ 有机化合物

有机化合物简称有机物，是指含碳元素的一类化合物。

组成有机化合物的主要元素是碳和氢，有的还含有氧、氮、硫、磷和卤素等。所以也常把有机化合物称为烃类化合物及其衍生物。

 下列化合物中哪些是无机物？哪些是有机物？

CO_2　　　　　　CH_3CH_2OH　　　　　NaCl

（　　）　　　　　　（　　）　　　　　　（　　）

$CaSO_4$

（　　）

$$\left[\begin{matrix} & CH_3 \\ Si & O \\ & CH_3 \end{matrix}\right]_n$$

NaOH

（　　）

（　　）

（3）化学式

用元素符号表示物质（单质和化合物）组成的式子。

以乙酸（俗称醋酸）为例，不同的表示方法如下：

⬇ 实验式：CH_2O　　　　　　　　仅表示所含各原子的最简单整数比

⬇ 分子式：$C_2H_4O_2$　　　　　　　表示分子所含原子的种类及数目

⬇ 结构式：

$$H - \overset{\overset{\displaystyle H}{|}}{\underset{\underset{\displaystyle H}{|}}{C}} - C \overset{\displaystyle O}{\underset{\displaystyle OH}{<}}$$

　　　　　　表明分子内原子的种类、数目及排列的化学式

⬇ 示性式：CH_3COOH　　　　　　表示分子所具有官能团特性的化学式

化学式是实验式、分子式、结构式和示性式的统称。

2. 认识化学反应

由一种或几种化学物质参加且相互作用，生成一种或几种新的化学物质的过程称为化学反应。例如：

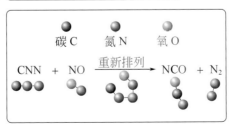

化学反应的特征：可以获得对人类有用的众多物质；可以为人类提供能源；常常伴有发光、发热、变色、气味、生成沉淀物等现象。

我们为何错读化学（摘录）

——上海大学教授 浦家齐

近些年来，化学的名声实在不太好。在一些人的心目中，化学品简直成了"毒药"的同义词，以至于英文中竟多了一个"Chemophobia"（化学恐惧症）的新词。因为有人相信，凡是采用了化学手段的东西一概都是对人体有毒的，而所有的天然物对于人体都一定是安全的。何以见得？黄曲霉素是纯粹的天然物，它存在于变质的谷物中，是重要的致癌因素之一；用来烧烤食物的木炭是天然物，可木炭中的苯并芘也是致癌物质。所以说，化学品一定有害，天然物一定安全，是毫无科学根据的。而且，说到底宇宙万物都是化学物质，是纯天然物还是化学合成物并不是一条最终鉴别安全与否的界线。事实上在几十年前，埋藏于人们生活中的隐患远比许多人记忆中的多得多。

当前所暴露的环境污染问题和食品、日用品的安全性问题，从技术的层面来检讨，一方面是由于社会需求增长太快，以致对于各种技术行为可能产生的负面影响未加周密评估；另一方面是由于社会上部分人无节制的欲望导向，使技术发展偏离了正常轨道。有人认为社会应该杜绝一切含有有害化学成分的产品，事实上这不但不可能，也没有必要。一个必须正视的历史事实是，近几十年化学工业特别快速的发展，首先是因为我们这个星球上人口特别快速的增长。如果离开了化学纤维，离开了化肥和农药，那么耕地的不足和随之而来的物资短缺，恐怕早就到了即使发放布票和粮票也难以维系的地步了。

任务二 了解化工生产过程的基本规律

化工生产从原料开始到制成目的产品，要经过一系列化学和物理的加工处理步骤，这一系列加工处理步骤称之为"化工生产过程"。

1. 熟悉化工生产过程

世界上的化工产品成千上万，但几乎所有化工产品的生产过程都是由三个基本环节组成，见图2.1化工生产过程示意图。

（1）原料预处理

使初始原料、辅料通过处理达到化学反应所需要的状态和规格。

（2）化学反应

使原料（反应物）在反应设备内进行化学反应，生产新的物质。

（3）产物分离

将产物、未反应的原料、副产物等进行分离提纯。

图2.1　化工生产过程示意图

2. 了解单元操作与单元反应

原料预处理、化学反应、产物分离这三个环节都是由若干个单元操作和单元反应构成的。

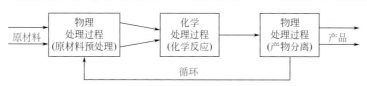

一般来说，原料预处理和产物分离主要由单元操作组成，化学反应步骤主要由单元反应构成。

（1）单元操作

具有物理变化特点的基本加工过程。

单元操作发生的过程虽然多种多样，但从本质上一般分为三种，即通常所说的"三传"，见图2.2化工单元操作的三种传递过程。

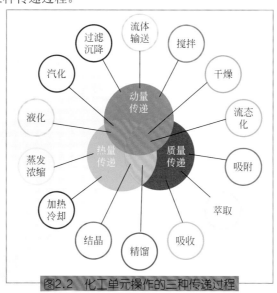

图2.2　化工单元操作的三种传递过程

🔸 **流体流动过程（动量传递）**

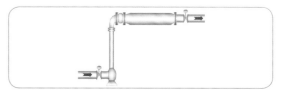

涉及了流体流动及流体和与之接触的固体间发生的相对运动。

例如流体输送、沉降、过滤、搅拌及固体的流态化等。

🔸 **传热过程（热量传递）**

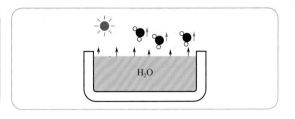

涉及传热的基本规律以及主要受这些基本规律支配的若干单元操作。

例如蒸发、热交换等。

传质过程（质量传递）

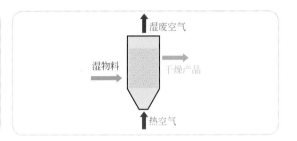

涉及物质通过相界面迁移过程的基本规律，以及主要受这些基本规律支配的若干单元操作。

例如液体的蒸馏、气体的吸收、固体的干燥及结晶等。

（2）单元反应（化学反应）

具有化学变化特点的基本加工过程。

化学反应是一种或几种物质经由化学变化转化为新物质的过程，而且总是伴随着能量的变化。它是化工生产的核心部分，决定着产品的收率，对生产成本有着重要影响。

化学反应的种类很多，主要有：化合反应，分解反应，置换反应，复分解反应，聚合反应，加成反应等。

任务三　了解化学变化的特征

化学变化以化学反应为基础。化学反应的原料和产品可以千变万化，控制化学反应的条件因素也许各种各样，但是所有的化学反应都具备某些特征和规律，人们只有了解这些特征和规律，才能更好地利用化学反应，生产更多更好的化学产品。

1. 了解质量守恒定律

在化工生产中，无论是化学反应的形成还是有关的化学计算都会利用质量守恒定律。

切记：反应体系中物质的总质量保持不变。

在一个稳定的生产过程中，向系统或设备所投入的物料量等于所得产品量、过程的物料损失及积累之和，如图2.3所示（G表示质量）。

2. 了解能量守恒定律

能量是守恒的，既不能创生，也不能消灭，只能从一种形式转变成另一种形式。

（1）能量衡算

在一个稳定的生产过程中，向系统或设备输入的总能量等于输出的能量、损失的能量、转换掉的能量及积累的能量之和，如图2.4所示（Q表示能量）。

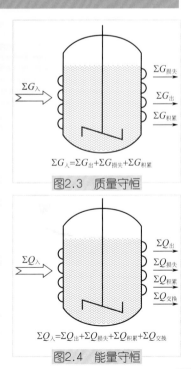

$$\sum G_入 = \sum G_出 + \sum G_{损失} + \sum G_{积累}$$

图2.3　质量守恒

$$\sum Q_入 = \sum Q_出 + \sum Q_{损失} + \sum Q_{积累} + \sum Q_{交换}$$

图2.4　能量守恒

（2）化学变化伴随着能量变化

化工物料在进行化学和物理变化的同时，一定伴随着能量的消耗、释放和转换。

⬇ 能源的概念

能源是指可产生各种能量（如热量、电能、光能和机械能等）或可做功的物质的统称。按基本形态可将能源分为：

▶ 一次能源

直接取自于自然界没有经过加工转换的各种能量和资源称之为一次能源，也称天然能源。

一次能源又分为再生能源和非再生能源两大类。再生能源包括太阳能、水能、风能、生物质能、地热能、潮汐能等，它们在自然界可以循环再生。而非再生能源包括：煤炭、原油、天然气、油页岩、核能等，它们是不能再生的。

▶ 二次能源

由一次能源经过加工转换以后得到的能源称为二次能源，也称"次级能源"或"人工能源"。二次能源一般指电力、蒸汽、成品油等。例如，煤炭如果直接拿来燃烧，就是利用了一次能源；如果将煤炭用于发电，所产生的电能就是二次能源。

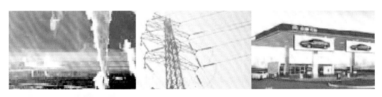

⬇ 化工生产需要大量的能源

生产装置需要大量的水、电、汽、气、冷等动力资源维持运行。图2.5为化工生产所需能源示意图。

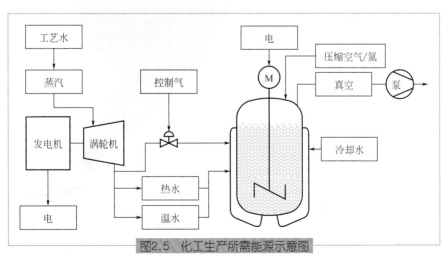

图2.5　化工生产所需能源示意图

3. 认识化学过程中的平衡

（1）平衡的存在

物理和化学变化过程，都有一定的方向和限度。在一定条件下（化学反应中的正、逆反应速率相等时），过程的变化达到了化学反应的限度，即达到了平衡状态。

例如：热量从热物体传向冷物体至两物体的温度相等为止；盐在一定温度下于水中溶解至溶液达到饱和状态为止。图2.6为平衡示意图（物理变化）。

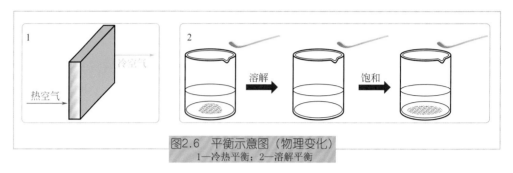

图2.6 平衡示意图（物理变化）
1—冷热平衡；2—溶解平衡

知道合成氨的生产吗？看看合成氨反应的平衡：

图2.7为平衡示意图（化学变化）。

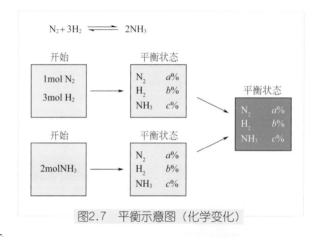

图2.7 平衡示意图（化学变化）

（2）平衡的性质

🔥 动态性

化学反应达到平衡，表面上该反应似乎"停止"，但实际上正、逆反应仍在进行，只是两反应速率相等。

🔥 相对性

当条件发生变化时，平衡状态就会被破坏，平衡又变为不平衡。

🔥 可变性

平衡是暂时的，当条件发生变化时，原有的平衡状态被破坏并发生移动，直至在新的条件下建立新的平衡。

生产中常利用它的可变性使平衡向有利于生产的方向移动。

4. 知道化学反应受制于过程速率

单位时间内过程的变化率称为过程速率。

化学反应中的平衡关系只表明反应变化的可能性与极限，而过程变化的快慢则由过程速率来确定。如果一个化学反应可以进行，但速率十分缓慢，该反应过程的实用价值就不大了。

项目小结

1. 化学反应是生成新物质的过程
2. 化工生产过程一般由三个基本步骤组成
   - ○ 原料预处理
   - ○ 化学反应
   - ○ 产物分离
3. 若干个单元操作和单元反应构成了化工生产的步骤
4. 化学变化具有的特征是
   - ○ 质量守恒
   - ○ 能量守恒
   - ○ 存在着化学平衡
   - ○ 受制于过程速率

项目二　认识化工生产原料及产品

（cognition of raw chemical materials and products）

1. 化工生产的常用原料有哪些？
   石油、煤、天然气、矿物质、生物质。
2. 化工生产的典型产品有几大类？
   无机化工产品
   有机化工产品
   高分子化工产品
   精细化工产品

　　"巧妇难为无米之炊"，原料是化工生产的物质基础，没有原料就不可能进行化工生产活动。

　　自然界和其他生产领域，为化工生产提供了丰富的原料，如水、空气、石油、天然气、煤、生物质及其简单加工产物。了解这些资源及其加工过程、加工产物的利用，对于充分认识利用资源、减少浪费是十分必要的。

任务一　了解化工生产主要原料

1. 了解物料与原料

物料：用于制造化工产品的物质。

原料：制造化工产品的起始物料，简称化工原料。

> 基础原料：水、空气、石油、天然气、煤、生物质等天然资源及其加工产物。
> 　　　　　有机类——石油、天然气、煤、生物质等。
> 　　　　　无机类——空气、水、盐、矿物质、金属矿等。

> 基本原料：基础原料经过初步化学或物理加工的产品。
> 　　　　　例如：一些低碳原子的烷烃、烯烃、炔烃和芳香烃等；
> 　　　　　合成气、三酸（盐酸、硝酸、硫酸）、两碱（纯碱、烧碱）、无机盐等。

　　注意：一种原料经过不同的化学反应可以得到不同的产品；不同的原料经过不同的化学变化也可以得到同一种产品；某一种物质是原料还是产品也不是绝对的。

2. 熟悉化工用主要原料

（1）石油及其化工利用

石油是蕴藏于地球表面以下的可燃性液态矿物质。有人将其称之为工业的血液，国民经济的动脉。人们可以从石油中得到：

——有机化工原料、燃料、润滑油及其他；

——合成纤维、合成树脂、合成橡胶；

——合成氨及化肥等。

(a) 油田钻井机　　　　　(b) 油田抽油机(磕头机)

新疆克拉玛依油田

🔻 石油的性质

黄褐色至棕黑色、黏稠液体，具有特殊的气味，不溶于水，相对密度为 $0.75 \sim 1.0$。

🔻 石油的组成

主要是碳、氢元素组成的各种烃类的混合物，还有少量的含氮、硫和氧的有机化合物，微量的无机盐和水。

🔻 石油的加工

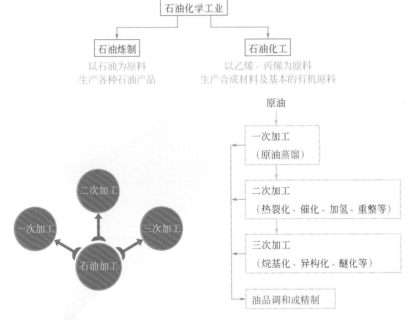

➤ 一次加工（主要是物理过程）

根据原油组分中沸点的差异，将蒸馏分为几个不同的沸点范围（即馏分），叫一次加工。

① 脱盐、脱水

脱盐、脱水的目的是为了减少设备腐蚀，降低能量消耗。

② 常、减压蒸馏

按沸点范围，将原油分割成几个不同馏分（油品）的操作称为蒸馏。

先常压蒸馏，再减压蒸馏。减压的目的是降低烃类汽化温度，以免分馏温度过高而使化合物发生分解或炭化。

▶▶ 二次加工（主要是化学反应过程）

将一次加工得到的馏分再加工成商品油的过程叫二次加工。

常见的操作有如下。

① 催化裂化

目的：提高汽油（$C_7 \sim C_9$）的质量和产量。

② 催化重整

目的：将辛烷值很低的直馏汽油变成 $80 \sim 90$ 号的高辛烷值汽油；生产大量苯、甲苯和二甲苯；副产大量廉价氢气。

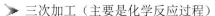

催化重整

▶▶ 三次加工（主要是化学反应过程）

将二次加工得到的商品油制取基本有机化工原料的工艺叫三次加工。

① 热裂解

热裂解目的：主要是生产低级烯烃，如乙烯、丙烯等。

② 芳烃抽提

芳烃抽提目的：主要是生产芳烃系列产品。

③ 延迟焦化、烃基化、加氢精制等

注意：有时将二次加工与三次加工统称为二次加工。

加油站！！！

90号 → 89号
93号 → 92号
97号 → 95号

1. 知道上图中 $0^{\#}$、$90^{\#}$、$93^{\#}$、$97^{\#}$ 的含义吗？

$0^{\#}$、$90^{\#}$、$93^{\#}$、$97^{\#}$ 分别是油品的标号，表示的是 0 号柴油、90 号汽油、93 号汽油和 97 号汽油。

数字代表了油品的辛烷值，也就是代表了汽油的抗爆性。

辛烷值是衡量汽油在气缸内抗爆震燃烧能力的指标。由于异辛烷的抗爆性较好，辛烷值给定为 100；正庚烷的抗爆性差，辛烷值给定为 0。人们将这两种标准燃料以不同体积比混合起来，此时异辛烷所占的体积百分数就是试样的辛烷值。例如，某汽油辛烷值为 80，表明这种汽油在一种标准的单气缸内燃机中燃烧时，所发生的爆震程度与 80% 异辛烷和 20% 正庚烷混合物的爆震程度相当。

辛烷值高表明油品的抗爆性好，油品辛烷值过低，将使引擎内产生连续震爆现象，容易烧坏气门、活塞等机件。

我们是否一定要选择高辛烷值的汽油来驱动汽车呢？否！

发动机的压缩比决定了汽车必须使用何种辛烷值的汽油。盲目使用高标号汽油，不仅会在行驶中产生加速无力的现象，而且其高抗爆性的优势也无法发挥，还会造成不必要的浪费。

2. $90^{\#}$、$93^{\#}$、$97^{\#}$ 汽油为什么又变成 $89^{\#}$、$92^{\#}$、$95^{\#}$ 汽油？

我们知道，$90^{\#}$、$93^{\#}$、$97^{\#}$ 汽油中的这些数字，只是代表了汽油的辛烷值，也就是代表了汽油的抗爆性能，与汽油的清洁与否无关。为了减少汽车尾气的排放，改善空气质量，提高人民的生活质量，国家将要在全国实施机动车排放"国五"（国Ⅴ）标准。实施"国五"标准后，对车用燃油品质的某些要求将会随之提高，例如硫含量高。硫含量是车用燃料标准的一项标志性环保指标，提高车用燃油品质的主要任务就是降低硫含量。油品的组分含量发生变化，油品的生产工艺必定要调整，因而油品的标号（辛烷值）也会有着相应的变化，即90#、93#、97#将会分别改变为89#、92#、95#。从数字上看，油品的辛烷值（抗爆性）略有降低。从使用效果来看，修改前后的汽油本质差别其实并不大，但最关键的是修改标号后的油品其硫含量指标限值会大大降低，锰含量指标限值也会下降，不仅减排效果明显，而且PM2.5也同步削减，空气质量将会大大改善。

　　国家规划，全国实施"国五"（国Ⅴ）标准的时间表是2017年。目前，北京和上海已成为全国实施"国五"（国Ⅴ）机动车排放标准的城市，天津也于2015年9月1日起实施汽油、柴油的"国五"（国Ⅴ）标准。

知识窗

乙烯的产量衡量着国家的石油化工生产水平

　　石油炼制起源于19世纪20年代。随着汽车工业的飞速发展，以生产汽油为目的的热裂化工艺、催化裂化工艺相继开发成功，形成了现代石油炼制工艺。20世纪50年代，在裂化技术基础上人们利用烃类热裂解技术，大量生产乙烯等低级烯烃。

　　乙烯是世界上产量最大的化学产品之一，是石油化工的基本有机原料，乙烯产品直接繁衍和带动发展塑料深加工、橡胶制品、纺织、包装材料、化工机械制造、运输、餐饮服务等配套产业。目前约有75%的石油化工产品由乙烯生产，大到航空航天、小到吃饭穿衣，乙烯与国民经济、人民生活息息相关。所以世界上已将乙烯产品作为衡量一个国家石油化工生产水平的重要标志。

　　乙烯——"石化工业之母"！

（2）天然气及其化工利用

　　天然气是化学工业的重要原料资源，也是一种高热值、低污染的清洁能源。

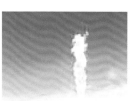

　　我国西部地区的塔里木、柴达木、陕甘宁和四川盆地蕴藏着26万亿立方米的天然气资源，约占全国陆上天然气资源的87%。

"西气东输"一线工程　2004年建成，西起新疆塔里木轮南油气田，终点为上海，年供气能力迄今已逾120亿立方米。

"西气东输"二线工程　2008年全线开工，将从新疆输送主要来自中亚的天然气，以满足珠三角和长三角地区的能源需求。设计输气规模300亿立方米／年，已于2012年12月全部建成投产。

✦ 天然气的性质与组成

蕴藏于地下的可燃性气体。

天然气主要成分是甲烷，同时含有 $C_2 \sim C_4$ 的各种烷烃以及少量的硫化氢、二氧化碳等气体。

✦ 天然气的化工利用

➤ 高温（930 ～ 1230℃）裂解生成乙炔、炭黑。

➤ 转化为合成气（$CO + H_2$），再继续加工制造合成氨、甲醇、高级醇等。

➤ 氯化、氧化、硫化、氨氧化等反应转化成各种产品。

知识窗

页岩气

页岩气，一种赋存于富有机质泥页岩及其夹层中、以吸附和游离状态为主要存在方式的非常规天然气，成分以甲烷为主，与"煤层气"、"致密气"同属一类。

随着世界能源消费的不断攀升，包括页岩气在内的非常规能源越来越受到重视。页岩气是一种清洁、高效的能源资源和化工原料，主要用于民用和工业燃料、化工和发电等，具有广阔开发前景。页岩气这种被国际能源界称之为"博弈改变者"的气体，正在成为搅动世界市场的力量。它将有利于缓解油气资源短缺，增加清洁能源供应，极大改写世界的能源格局。

鉴于水力压裂技术日臻成熟，美国兴起了页岩气开发热潮。成功开采页岩气使美国跃居全球第一产气大国。根据美国能源情报署估计，中国的页岩气储量超过其它任何一个国家，可采储量1275万亿立方英尺。按当前的消耗水平，这些量足够中国使用300多年。

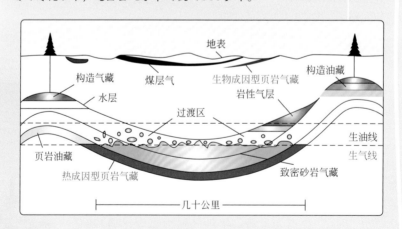

（3）煤及其化工利用

煤既是燃料，又是重要的化工原料。

全球煤的储量是石油的十几倍，是自然界蕴藏量最丰富的资源。

中国是一个富煤的国家。

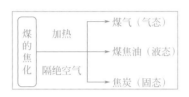

🔽 煤的组成

含有碳和多种化学结构的有机物以及少量硅、铝、铁、钙、镁等的矿物质。

🔽 煤的加工

煤直接燃烧的热效率和资源利用率很低，环境污染严重。将煤加工转化为清洁能源、提取和利用其中所含化工原料，可提高煤的利用率。

▶ 煤的焦化

```
        加热    ──→ 煤气（气态）
煤
的          ──→ 煤焦油（液态）
焦
化  隔绝空气  ──→ 焦炭（固态）
```

| 煤焦油 | 煤化学工业之主要原料，其成分达上万种，主要含有苯、甲苯、二甲苯、萘、蒽等芳烃，以及芳香族含氧化合物（如苯酚等酚类化合物），含氧、含硫的杂环化合物等多种有机物。 |

▶ 煤的气化

煤、焦炭、半焦炭和气化剂在900～1300℃的高温下转化成煤气的过程称为煤的气化。

煤的气化按气化剂的不同可以有四种产品：空气煤气、水煤气、混合煤气、半水煤气（合成气）。

▶ 煤的液化

煤通过化学加工转化为液体燃料的过程称为煤的液化。

煤的液化产品也称为人造石油。

▶ "煤代油" 技术

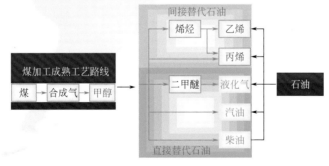

煤代油技术指的是以煤代替石油，先用煤制甲醇、再用甲醇制取基础化工原料的过程。

我国是一个富煤贫油的国家，伴随国际原油价格的不断攀升和我国原油对外依存度的提高，煤化工产业特别是清洁煤技术越来越受到人们的重视。"煤代油"技术不仅可以充分利用我国煤炭资源优势，提高能源利用效率；而且对我国优化能源消费结构、减少环境污染、保障国家能源安全都具有重要的示范意义。

以煤制烯烃为例，该技术可部分替代石油为原料制取乙烯、丙烯，缓解原油需求的压力，行业前景看好。煤制烯烃主要分为煤制甲醇、甲醇制烯烃这两个过程，包括煤气化、合成气净化、甲醇合成及甲醇制烯烃四项核心技术，其中煤制甲醇的过程占了煤气化、合成气净化、甲醇合成这三项核心技术，搭建了煤和烯烃的桥梁。

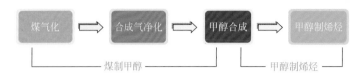

应该说，发展"煤代油"产业是国家目前解决石油短缺的一种有效途径。但是，"煤代油"也存在一些弊端，它不仅面临着国际原油市场的价格波动风险，面临着资源消耗大、能源利用率低的技术风险，更重要的是面临着环境方面的巨大压力。煤制油技术其生产过程产生的CO_2排放量是原油炼制的数倍之多，若处理不当必会严重污染环境；另外，煤炭的开发开采等潜在能源的需求增长，也会使环境不堪重负等。因此，加大煤代油的技术研发力度，提高能量转化效率，降低对环境的负面影响势在必行。

1. 石油、天然气、煤是怎样形成的？它们可以再生吗？
2. 石油、天然气、煤虽为不同的物质，但可以生产相同的产品，为什么？

（4）生物质及其化工利用

石油、天然气和煤等化石资源，为人类的经济繁荣、社会进步和生活水平提高作出了巨大的贡献。自20世纪70年代开始的石油危机和日益增加的温室效应，促使各国都开始寻求新的、不以石油作为原料来制备化学品的工艺路线，生物质资源就是一种取之不尽、用之不竭且更新很快的可再生资源。

生物质是仅次于煤、石油、天然气的第四大能源和化工资源，对于建设环境友好和可持续发展的国家具有重要意义。

生物质资源

🔸 生物质的概念

生物质是通过光合作用产生的所有生物有机体的总称，它包括所有动物、植物和微生物以及由这些有生命物质派生、排泄和代谢的许多有机质。

生物质主要含有淀粉、纤维素、油脂等。

🔸 生物质的加工

从生物质中直接提取其中固有的化学成分；利用化学或生物化学的方法将其分解为基础化工产品或中间品。

➤ 淀粉：从玉米、土豆、小麦等中获得。

可生产乙醇、丙醇、丙酮、甘油、柠檬酸、葡萄糖酸等化学品。

➤ 纤维素：从棉花、大麻、木材、秸秆等中获得。

可生产糠醛、乙醇、醋酸、纤维、塑料等。

➤油脂：从动植物油和脂肪中获得（如牛脂、猪脂、乳脂等）。

主要是生产各种高级脂肪酸的甘油酯。

（5）矿物质的化工利用

中国已探明储量的、可供工业利用的固体化学矿物约200种。

⬇ 盐矿资源

包括岩盐、海盐、湖盐等。

加工途径：电解食盐水溶液生产烧碱、氯气、氢气等，还可在此基础上进一步化工加工。

⬇ 磷矿及硫铁矿

磷矿和硫铁矿是化学矿产量最大的两个产品。

➤磷矿石主要生产磷肥。

➤硫铁矿主要生产硫酸。

岩盐　　　　　海盐

磷矿石　　　　硫铁矿

知识窗

你知道新疆的矿产资源吗？

新疆矿产资源极为丰富，在全国占有重要地位，已发现矿产138种，占全国已发现171种矿产的80.7%，是我国重要的石油、天然气、煤炭、黑色金属、有色和稀有金属、盐类、建材非金属、宝玉石等矿产的富集区。

新疆的塔里木、准噶尔、吐哈三大盆地石油、天然气资源量达414亿吨，其中石油储量居全国第三位，未动用储量居全国之首；天然气资源量10.3万亿立方米，占全国陆上资源量的34%，探明储量居全国第一；

新疆的煤炭预测资源总量为2.19万亿吨，占全国预测资源总量的40%，居全国之首。煤的品种、品质优良；

新疆的铁矿石含铁率高；

新疆的盐矿类型全、储量大、分布广……

任务二　认识化工典型产品

1. 了解相关概念

（1）产品

通过生产过程加工出来的物品即为产品。

化工产品一般是指由原料经化学反应、化工单元操作等加工方法生产出来的新物质。

（2）成品

加工完毕，经检验达到质量要求，可以向外供应的产品即为成品。

一个工厂至少有一种产品是成品。

（3）半成品

在由两步以上多道工序组成的化工生产过程中，其中任何一个中间步骤得到的产品，都称为半成品或中间产品。

（4）副产品

制造某种产品时，附带产生的物品称为副产品。

（5）废品

不符合出厂规格的产品就称为废品。

废品将使产品失去原有的价值，失去经济效益，应避免废品出现；一旦出现废品，要想办法回收处理，节约资源保护环境。

（6）联产品

有的化工生产过程中，一套装置同时生产两种以上的主产品称为联产品。

2. 认识主要化工产品

（1）无机化工主要产品

♣ 无机酸、碱与化学肥料

这类无机化工产品主要是"三酸、两碱"：硫酸、盐酸、硝酸；烧碱、纯碱。

♣ 无机盐

无机盐主要有碳酸钙、硫酸铝、硝酸锌、硅酸钠等。

♣ 工业气体

工业气体主要包括氧、氮、氢、氯、氨、氩、一氧化碳、二氧化碳、二氧化硫等。

无机化工产品

♣ 元素化合物和单质

例如金属、非金属的氧化物，碳、氮、硫、卤素的化合物，金属、非金属单质等都是无机化工产品。

（2）有机化工主要产品

以烃类化合物及其衍生物为主的通用型化工产品为有机化工主要产品（见表2.1）。

表2.1　基本有机化工产品和有机化工产品

基本有机化工产品	有机化工产品
乙烯、丙烯、丁二烯（三烯）	醇、酚、醚
苯、甲苯、二甲苯（三苯）	酰胺、酯、醛
乙炔、萘（一炔、一萘）	胺、酐等

注意：基本有机化工产品经过进一步的化学加工可制取有机化工产品。

（3）高分子化工主要产品

按功能和作用分类，高分子化工产品主要有：塑料、合成纤维、合成橡胶、涂料和胶黏剂。

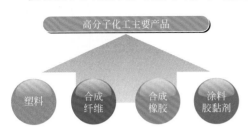

高分子材料种类繁多、性能优良、价格低廉、成型简便等，在人类生活与国民经济发展中起了十分重要的作用。同时，新型高分子材料的发展又促进了其他工业的发展和进步，人类对高分子化工产品的需要日益剧增、无可比拟。

（4）精细化工主要产品

加工程度深、纯度高、生产批量小、附加值高，自身具有某种特定功能或能增进（赋予）产品特定功能的化学品称为精细化学品或专用化学品。

丰富多彩的精细化工产品
1—日用化学品；2—生物医药；3—各种助剂；4—精细陶瓷

精细化工的产品主要有：农药、染料、涂料、颜料、生物医药、香精和香料、日用化学品、催化剂、信息用化学品、各种助剂、精细陶瓷等。

（5）生物化工主要产品

通过生物催化剂（活细胞催化剂或酶催化剂）催化的发酵过程、酶反应过程或动植物细胞大量培养过程来获得的化工产品称为生物化工产品。

生物化工主要产品通常指三大类：

- 大宗化工产品
- 精细化工产品
- 医药产品

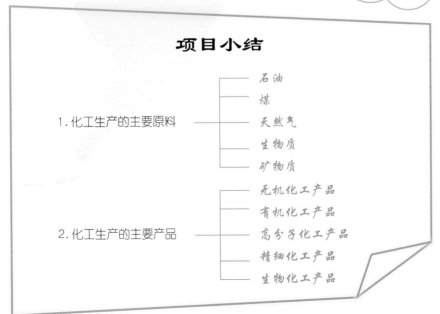

项目小结

1. 化工生产的主要原料
   - 石油
   - 煤
   - 天然气
   - 生物质
   - 矿物质

2. 化工生产的主要产品
   - 无机化工产品
   - 有机化工产品
   - 高分子化工产品
   - 精细化工产品
   - 生物化工产品

项目三 熟悉化工生产的工艺过程

(Familiarity with process of chemical production)

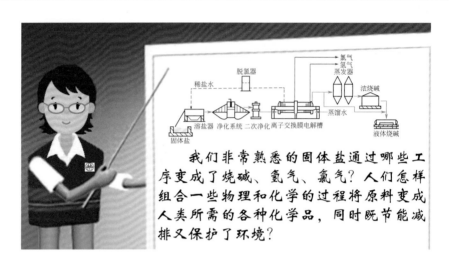

我们非常熟悉的固体盐通过哪些工序变成了烧碱、氢气、氯气？人们怎样组合一些物理和化学的过程将原料变成人类所需的各种化学品，同时既节能减排又保护了环境？

任务一　熟悉化工生产过程

1. 熟悉化工生产的工序

无论何种化工产品的生产，都会按照一定的规律组成生产系统，这个系统必定由化学工序和物理工序构成，也就是说物料只有通过化学和物理的加工方法才能转化成合格的化工产品。

（1）化学工序（单元反应）

由单元反应组合而成的相关过程称为化学工序。

（2）物理工序（单元操作）

由单元操作组合而成的相关过程称为物理工序。

2. 认识化工生产过程的组成

化工生产过程的表现形式是由若干个单元操作和单元反应串联组成的一套工艺流程，通过三个主要步骤，将化工原料制成化工产品，如图2.8所示。

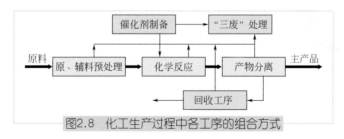

图2.8　化工生产过程中各工序的组合方式

（1）原、辅料预处理

原、辅料预处理目的是使初始原、辅料达到反应所需的状态和要求。

例如，固体的研磨、过筛；液体的加热或汽化；催化剂的配制等。

（2）化学反应

化学反应的目的是完成由原料到产物的转变，是化工生产过程的核心。

例如，氧化反应、裂化反应、聚合反应、加成反应等。

（3）产物分离

产物分离的目的是获取符合规格的产品，回收利用副产物，循环使用原料。

例如，精馏、吸收、萃取、结晶等。

（4）其他工序

⬇ 回收工序

对未反应的原料、溶剂、添加剂、反应生成的副产物等分别进行分离提纯，精制处理后加以回收利用称为回收工序。

⬇ "三废"处理

"三废"处理是对生产过程中产生的废液、废气、废渣进行处理，综合利用，保护环境等。

3. 了解化工生产的操作方式

（1）间歇操作

图2.9为间歇操作示意图。

⬇ 特点

间歇操作属于非稳态操作，温度、压力和组成等随时间变化。

间歇操作优点：生产过程比较简单，投资费用低；品种切换灵活；生产的灵活性较大，变更工艺条件方便。

通常适用于小规模的生产或者生产不同的产品（多元化生产）。

间歇操作缺点：非生产时间消耗较多；设备利用率不高；过程自动化程度低；产品质量的波动较大；劳动强度较大。

⬇ 适用范围

间歇操作主要应用于小批量、多品种的精细化学品生产或反应时间较长的生产过程。例如染料、胶黏剂、日用化学品的生产等。

将原料按比例一次性全部投入设备，直至反应结束后，停止反应并立即取出全部产物，设备清洁后进行下一批次的操作。

图2.9　间歇操作示意图

（2）连续操作

图2.10为连续操作示意图。

⬇ 特点

连续操作特点是连续过程为稳态操作，生产条件不随时间变化。当生产处于开车、停车或出现操作故障时，属非稳态操作。

连续操作优点：产品质量稳定；生产能力大，生产效率高；容易实现自动化操作，生产过程易于控制。

连续操作缺点：投资大，操作人员的技术水平要求比较高；不易进行产品切换。

⬇ 适用范围

现代化学工业比较倾向于连续操作生产方式，尤其一些生产技术比较成熟，过程自动化要求程度比较高的产品生产。

例如石油炼制、聚酯生产等。

将原料按比例连续加入设备，同时连续不断地取出产物，进料与出料质量相等的操作。

图2.10　连续操作示意图

牙膏、沐浴液、白胶（聚醋酸乙烯酯乳液）等化工产品一般是_____操作生产；石油炼制、烧碱生产大都采用_____操作方式。

（3）半连续操作（半间歇操作）

图2.11为半连续操作示意图。

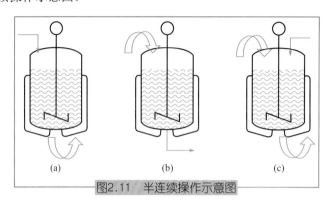

图2.11 半连续操作示意图

半连续操作是介于连续操作与间歇操作之间的一种操作方式，目的是在特定的条件下控制生产过程。

⬇ 特点

半连续操作属于非稳态操作。

⬇ 常见的操作类型

➤ 连续不断地加入原料，而在操作一定时间后一次取出产品［见图2.11(a)］；

➤ 操作过程一次投入原料，而连续不断地从系统取出产品［见图2.11(b)］；

➤ 一种物料分批加入，而另一种原料连续加入，视工艺需要连续或间歇取出产物的生产过程［见图2.11(c)］。

4. 掌握化工生产工艺流程

（1）工艺流程

原料经过各种设备和管路，通过化学和物理的方法，最终转变成产品的全过程称为工艺流程。

工艺流程呈现了整个生产过程中物料在各个工序及各个设备之间的流动过程及变化情况。

（2）工艺流程图

工艺流程图是指以形象的图形、符号、代号、文字说明等表示出化工生产装置物料的流向、物料的变化以及工艺控制的全过程。

⬇ 工艺流程示意图

工艺流程示意图定性描述出主物料流经的设备及流向。

➤ 工艺流程简图

工艺流程图中设备外形与实际外形相似，用细线条绘制，工艺物料流程用粗实线表示，设备上的管线接头、支脚和支架均不表示。如图2.12所示，为固体盐制备烧碱的化工生产过程示意图。

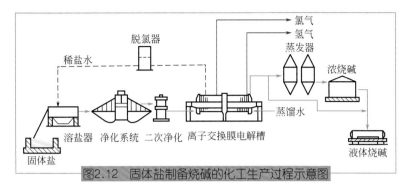

图2.12　固体盐制备烧碱的化工生产过程示意图

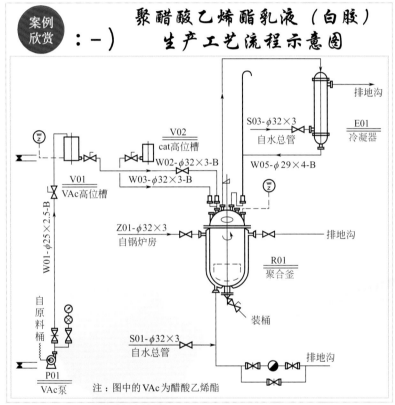

案例欣赏：一)　聚醋酸乙烯酯乳液（白胶）生产工艺流程示意图

注：图中的VAc为醋酸乙烯酯

➤ 流程框图

流程框图以方框形式分别表示化工单元操作和单元反应过程，以箭头表示物料和载能介质的流向，并辅以必要的文字说明。

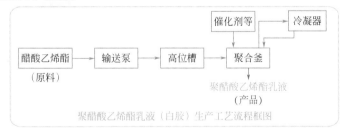

聚醋酸乙烯酯乳液（白胶）生产工艺流程框图

↓ 物料流程图（PFD）

物料流程图由工艺流程、主要控制方案、操作参数、设备参数、图例和经过各工序（或设备）的物料名称及数量组成。图2.13为某装置工艺流程图（局部）。

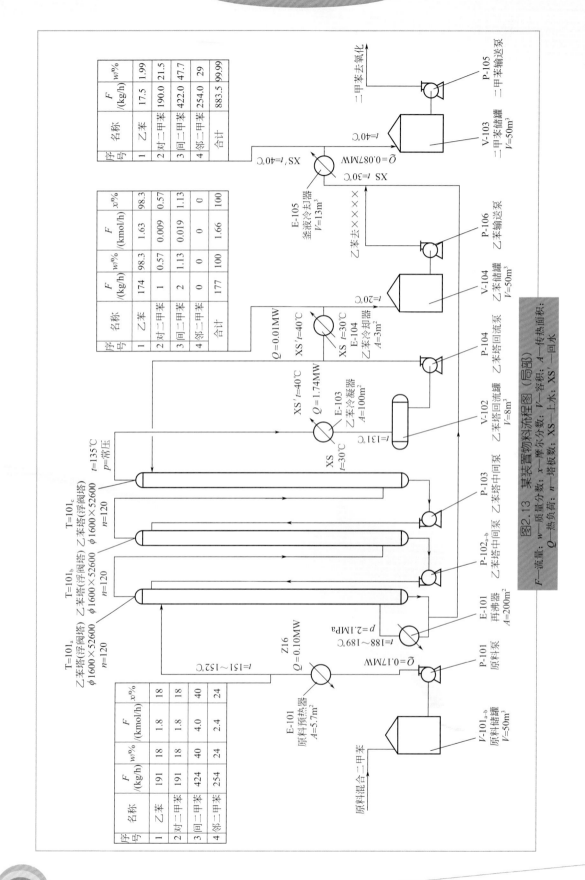

图2.13 某装置物料流程图（局部）

F—流量；w—质量分数；x—摩尔分数；A—传热面积；V—容积；n—塔板数；Q—热负荷；XS—上水；XS'—回水；

工艺管道及仪表流程图（PID）

工艺管道及仪表流程图又称带控制点的工艺流程图或施工流程图。能表示全部工艺设备及其纵向关系，物料和管路及其流向，公用工程系统管路及其流向，阀门与管件，相关仪表与控制方案等信息。图2.14为带有控制点的工艺流程图（局部）。

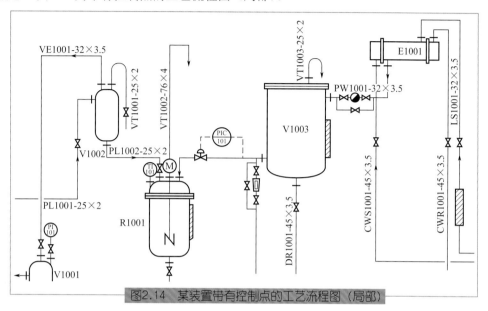

图2.14　某装置带有控制点的工艺流程图（局部）

任务二　了解化工过程的评价指标

化工生产的目标是安全、优质、高产和低耗。因此，在化工生产过程中知晓各种评价指标及技术经济指标就显得尤为重要。

1. 了解生产能力与生产强度（评价反应效果）

（1）生产能力

生产能力是指一台设备、一套装置或一个工厂在单位时间内生产的产品量或处理的原料量，以kg/h、t/d、kt/a等表示。

生产能力类型包括设计能力、核定能力、现有能力。

生产能力表示方法。

➤ 产品量

单位时间（年、日、小时、分等）内生产的产品数量称为产品量。

上海石油化工股份有限公司"十一五"的发展目标：
150万吨/年乙烯；
82万吨/年丙烯；
145万吨/年聚烯烃等。

➤ 加工量（也称"加工能力"）

加工量指单位时间（年、日、小时、分等）内处理的原料量。

例如，一个处理原油规模为每年6500万吨的炼油厂，也就是该厂加工能力为每年可处理原油6500万吨。

（2）生产强度

生产强度是指设备的单位体积或单位面积在单位时间内生产的产品量或加工的原料量，以 $kg/(h \cdot m^3)$、$t/(h \cdot m^3)$、$kg/(h \cdot m^2)$、$t/(h \cdot m^2)$ 等表示。

生产强度主要用于比较具有相同反应和物理加工过程的设备或装置的优劣。

设备的生产强度愈大，设备的生产能力就愈大。

2. 知道消耗定额

生产单位产品所消耗的各种原材料的量称为消耗定额。例如原料、各种辅助材料、公用工程及燃料等。消耗定额越低，生产过程越经济，产品成本也就越低。

（1）公用工程

化工生产中涉及的供水、供电、供热、供气和冷冻等公用系统为公用工程。

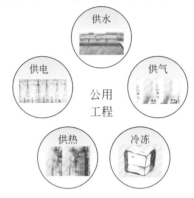

⬇ 供水

⬇ 供电

供电指生产用电、生活用电等。

如图2.15所示，电站发电后由其电气系统升压送入电网，通过高压电输送工程实现远程（长距离）电力输入；从电站到各电网区域、区域到省市自治区；再通过高低压工程将高压电接入到单位、企业或社区变压器和高低压变换的变压器工程；通过配电输送给用户。

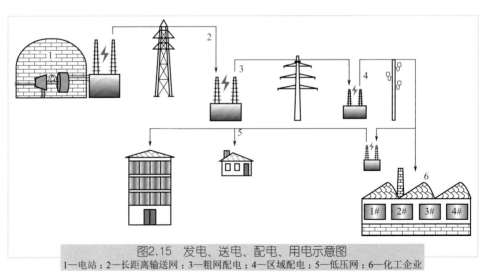

图2.15 发电、送电、配电、用电示意图

1—电站；2—长距离输送网；3—粗网配电；4—区域配电；5—低压网；6—化工企业

输电网输送的都是高压电，必须经变压后才能分配给各用电设备使用。

注意：电气设备等必须安装防爆和防静电设施，建筑物必须安装避雷设施。

🔻 供热

热源类型：

▶ 饱和蒸汽（使用方便、加热均匀、快速易控等）

▶ 联苯-联苯醚混合物

▶ 高温导热油

▶ 熔盐混合物等

🔻 供气

供气包括空气和氮气的供应。

▶ 空气

工艺用——氧化剂、引发剂等；

非工艺用——吹扫置换用、仪表用等。

▶ 氮气（惰性气体，置换、隔离、保压等作用）

▶ 压缩空气

🔻 冷冻

冷冻又称制冷，是人工产生低温的技术。

冷源种类：

▶ 循环冷却水

▶ 低温水

▶ 冷冻盐水

▶ 有机物

▶ 氨等

（2）消耗定额

生产单位产品所消耗的各种原料及辅料（公用工程）量称为消耗定额。

🔻 物耗

物耗通常指原料消耗定额（生产单位产品所消耗的原料量）。

▶ 理论消耗定额——以化学计量方程式为基础计算的理论原料量。

▶ 实际消耗定额——生产过程中实际消耗的原料量。

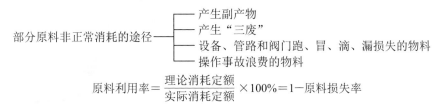

$$原料利用率 = \frac{理论消耗定额}{实际消耗定额} \times 100\% = 1 - 原料损失率$$

🔻 能耗

能耗通常指公用工程消耗定额。

注意：物耗和能耗都会影响产品成本，影响企业效益，应努力减少消耗。在消耗定额的各项指标中，原料成本要占产品成本的60%～70%，因此降低产品成本的关键是降低原料消耗。

（3）节能降耗

🔻 选择合适的工艺参数和操作条件，注意物料的循环使用；

- 采用性能优良的催化剂，提高选择性和生产效率；
- 加强设备维护和巡回检查，避免和减少物料的跑、冒、滴、漏；
- 规范生产管理和操作责任，防止事故发生等。

趣味活动

参观化工企业的生产装置或学校的实训装置，注意装置选用的公用工程种类和相应作用，为装置的节能降耗献计献策。

3. 熟悉转化率、选择性和收率

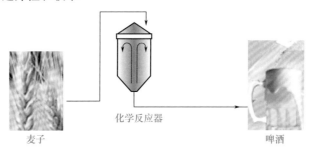

麦子　　　　　　化学反应器　　　　　　啤酒

（1）转化率（X）

在反应体系中，参加反应的某种原料量占投入反应体系中该种原料总量的百分数称为转化率。

$$X = \frac{参加反应的某种原料量}{投入反应体系中该种原料总量} \times 100\%$$

通常情况下，投入反应体系中的每一种原料都难于全部参加化学反应，所以转化率常是小于100%的。

（2）选择性（S）

反应体系中转化成目的产物消耗的原料量与参加反应的某种原料量之比称为选择性。

$$S = \frac{转化为目的产物消耗的原料量}{参加反应的某种原料量} \times 100\%$$

由于化学反应的复杂性，原料并非全部转化成目的产物。有目的产物就有副产物，选择性越高，说明反应过程中的副反应越少。

（3）收率（Y）

反应体系中转化为目的产物所消耗的原料量与投入反应体系中该种原料总量之比称为收率。

$$Y = \frac{转化为目的产物消耗的原料量}{投入反应体系中该种原料总量} \times 100\%$$

小组讨论

1. 转化率、选择性、收率三者之间的关系是什么？
2. 高转化率是否就一定是高选择性？
3. 化工生产是否一定要采用高转化率？
4. 某套装置的转化率只有60%，是否表明该装置生产效率不高？

你想知道如何评估某装置的收率大小吗？

【例题】乙烷裂解制备乙烯，投入反应器的乙烷量5000kg/h，裂解气中含未反应的乙烷量为

1000kg/h，获得的乙烯量为3400kg/h。试求乙烷的转化率和乙烯的收率。

$$C_2H_6 \longrightarrow C_2H_4 + H_2$$

计算时要注意：

1. 认真审题，公式里涉及的都是原料。

2. 数字的后面要有正确的单位。

【分析】

（1）参加反应的乙烷量是多少？

5000kg/h−1000kg/h = 4000kg/h，

（2）生成3400kg/h乙烯消耗的乙烷量为多少？

设消耗掉 x (kg/h) 乙烷量

$$
\begin{array}{ccc}
C_2H_6 & \longrightarrow & C_2H_4 + H_2 \\
30 & & 28 \\
x & & 3400
\end{array}
$$

$$x = 3400 \times \frac{30}{28} = 3642.86 \ (\text{kg/h})$$

【解】

$$乙烷转化率 = \frac{参加反应的乙烷量}{投入反应器的乙烷量} \times 100\%$$

$$= \frac{4000}{5000} \times 100\% = 80\%$$

$$乙烯收率 = \frac{生成乙烯消耗的乙烷量}{投入反应器的乙烷量} \times 100\%$$

$$= \frac{3642.86}{5000} \times 100\% = 72.8\%$$

任务三 掌握影响化工生产的主要因素

化学反应过程十分复杂，在生成目的产物的同时，可能还会生成多种副产物，而且原料也不会全部参加反应。讨论影响化工生产的主要因素，对于提高反应的选择性、实现产品安全、优质、高产和低耗十分重要。

影响反应的因素是多方面的，有原料纯度、催化剂性能、反应器结构、工艺参数等。不同的反应过程，其影响因素也不尽相同。

1. 认识化工过程的参数

化工过程参数指表示物料状态及过程变化程度的参数。

在整个化工生产过程中，物料会以一定的状态（例如组成、温度、压力、浓度、配比等）进入每一台设备；经过设备后都会发生一定的变化（例如化学变化、物理变化、能量变化等）。控制物料进入设备的状态以及变化的程度不仅是生产装置能否顺利运行的关键，更是化工生产目标能否实现的保证。

（1）温度

温度是表征物体冷热程度的物理量。

温度的表示方法：温标（用来测量温度的标尺）。

 摄氏温标

摄氏温标是一种最普遍使用的温标。

摄氏温标规定：在标准大气压（101.325kPa）下，冰的熔点为0度，水的沸点为100度，中间均分为100

等分，每等分为1摄氏度。

用摄氏温标表示的温度称为摄氏温度（用符号t表示），单位为摄氏度，用符号℃表示。

🔸 华氏温标

华氏温标规定：在标准大气压下，冰的熔点为32度，水的沸点为212度，中间均分为180等分，每等分为华氏1度。

用华氏温标表示的温度称为华氏温度（用符号θ表示），单位为华氏度，用符号℉表示。

华氏温度与摄氏温度的换算公式为：

$$\theta = \frac{9}{5} \times t + 32$$

🔸 热力学温标

热力学温标曾称绝对温标，是以绝对零度作为基点的温度标尺。在此温度下，分子停止运动。

用热力学温标表示的温度叫热力学温度（用符号T表示）或绝对温度。

热力学温度是国际单位制中七个基本物理量之一，单位是开尔文，简称开，用符号K表示。

热力学温度T与摄氏温度t的关系为：

$$T = t + 273.15$$

绝对零度，即$0K = -273.15℃ = -459.67℉$

（2）压力

垂直且均匀作用于单位面积上的力为压力。

🔸 压力的表示方法

➤ 大气压力：大气层中的物体受到大气层自身重力产生的作用于物体上的压力；

➤ 绝对压力：表示物体所受到的实际压力；

➤ 相对压力：以大气压力作为基准所表示的压力。

由于大多数测压仪表所测得的压力都是相对压力，故相对压力也称表压。

$$p_{表} = p_{绝对压力} - p_{大气压力}$$

➤ 真空度：又称负压力，

真空度为设备内部或某处小于大气压的数值。

$$p_{负压力} = p_{大气压力} - p_{绝对压力}$$

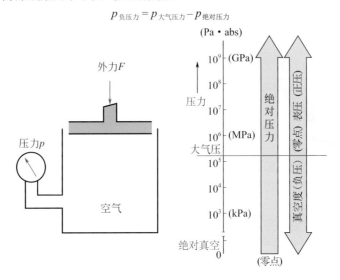

📥 压力的单位

压力的单位为 Pa（N/m²），称为帕斯卡，简称帕（Pa）。

生产上常采用 10^6Pa 即 MPa（兆帕）表示。

（3）流量与流速

📥 流量指单位时间内流过管道或设备某一截面的流体数量。

化工生产中，为了安全高效地进行生产操作和过程控制，必须精确掌握流经管道或设备中各种介质的数量——流量。

➤ 体积流量、质量流量。

➤ 单位：t/h、m³/h、L/h 等。

➤ 流量的高低反映设备生产负荷的大小。

📥 流速指流体单位时间内流过的距离。

流速表现了物料在设备内的流动状态、质量和热量的传递情况。

（4）物料的组成

很多化工物料是由多种组分组成的，为了表示某种物料的组成，通常采用的方法有如下。

📥 质量分数。质量分数＝某组分的质量/混合物的质量

📥 体积分数。体积分数＝某组分的体积/混合物的体积

📥 摩尔分数。摩尔分数＝某组分的物质的量/混合物的物质的量

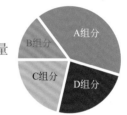

注意：溶液混合物，常用质量分数或摩尔分数表示；

气体混合物，常用体积分数表示。

2. 掌握主要参数对化工生产的影响

（1）温度的影响

📥 对化学平衡的影响

对于可逆反应，温度的影响很大。

➤ 升高温度有利于吸热反应的进行。

➤ 降低温度有利于放热反应的进行。

📥 对反应速率的影响

➤ 升高温度可以加快化学反应的速率（无论主、副反应皆可）。

➤ 升高温度更有利于活化能高的反应。

📥 对催化剂使用的影响

催化剂的使用必须考虑到初始温度和耐热温度。

➤ 低于催化剂的初始温度：催化剂活性不能发挥。

➤ 高于催化剂的耐热温度：催化剂活性快速衰退。

（2）压力的影响

化工生产过程一般是在一定的压力条件下进行的，压力的高低反映了设备内物质量及其能量的大小。

液相反应一般都在常压下进行，压力对气相反应的影响较大！

📥 对化学平衡的影响

➤ 增大压力，有利于分子数减少的反应。

➤ 降低压力，有利于分子数增多的反应。

📥 对反应速率的影响

改变压力相当于改变了反应物的浓度。

➤ 增大反应压力，等同于增加了反应物的浓度，间接地加快了反应速率。

🔸 对设备的影响

▶ 压力增加，相当于提高了设备的生产能力。

▶ 必须考虑设备的材质和耐压强度。

🔸 对安全的影响

▶ 增大压力，不仅要增加能量消耗，生产过程的危险性也随之增加。

（3）原料配比的影响

原料配比指有两种以上的原料参与化学反应时的物质的量（或质量数）之比。

🔸 对化学平衡的影响

两种以上的原料参与反应，提高某一种反应物的浓度，可达到提高另一种反应物之转化率的目的。

🔸 对反应速率的影响

一般情况下，增大某反应物浓度，则加快了反应速率。

🔸 对原料转化率的影响

提高某种原料配比时，该原料的转化率一定下降。

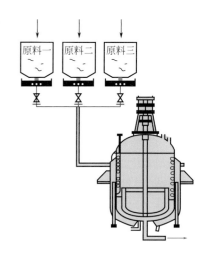

3. **了解催化剂的相关知识**

催化剂在现代化学工业中占有极其重要的地位，大约90%的化工产品需要在催化剂作用下完成。例如：合成氨的生产，使用以铁为主的多组分催化剂就可提高反应速率；石油炼制中选用不同的催化剂，就可以得到不同品质的汽油、煤油；汽车尾气中的CO、NO等有害气体，利用铂等金属作催化剂可以迅速将二者转化为无害的CO_2、N_2；酿造业、制药业等都需要酶作催化剂等。

（1）催化剂

化学反应体系中，加入少量物质就能改变化学反应速率，但其本身质量和化学性质在反应前后均不发生变化的物质称为催化剂。

催化剂又称之为触媒。

（2）催化剂的作用

🔸 改变反应速率

有的催化剂可以使化学反应速率加快到几百万倍以上。

🔸 具有选择性，可减少副反应、提高原料利用率

不同性质的催化剂只能各自加速特定类型的化学反应过程。例如，甲酸加热时发生分解反应，部分脱水，部分脱氢：

$$HCOOH \triangle \begin{cases} \longrightarrow H_2O+CO \\ \longrightarrow H_2+CO_2 \end{cases}$$

若用固体Al_2O_3作催化剂，则只有脱水反应发生：

$$HCOOH \xrightarrow{Al_2O_{3(固)}} H_2O+CO$$

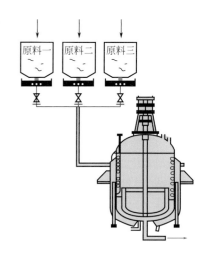

H_2O_2　$H_2O_2+MnO_2$　$H_2O_2+FeCl_3$

催化剂对化学反应速率的影响

若用固体ZnO作催化剂，则脱氢反应单独进行：

$$HCOOH \xrightarrow{ZnO_{(固)}} H_2+CO_2$$

🔻 缓和反应条件，降低对设备的要求，提高设备的生产能力

🔻 保护环境，减少污染等

（3）固体催化剂的构成

常用的催化剂有液体和固体两类，生产上应用较多的是固体催化剂。其主要构成如下。

🔻 主催化剂　对主反应具有催化活性的主要物质；

🔻 助催化剂　单独存在时本身没有催化性能，但与活性组分配合能提高催化剂的活性、选择性和稳定性；

🔻 抑制剂　用来抑制一些不希望出现的副反应，从而提高催化剂的选择性（又可称之为调节剂）；

🔻 载体　能对催化剂组分进行分散、承载、黏合、支持的物质。

趣味活动

现场参观某化工企业，形成对化工原料变成化工产品整个过程的感性认识。

知识前沿

加油站！！！

你使用过透明的一次性杯子吗？使用过食品保鲜盒吗？化工容器、包装用的编织袋、洗衣机的外壳等这些都是聚丙烯材料制成的。20世纪50年代德国化学家卡尔·齐格勒、意大利化学家居里奥·纳塔发明了齐格勒-纳塔催化剂，才得到了高密度聚乙烯和高聚合度、高规整性的聚丙烯，为生产领域与科学研究作出了巨大贡献，基于这些成就，他们分享了1963年的诺贝尔化学奖。

项目小结

1. 完成化工生产的基本要件
- ○ 化工生产的三个主要步骤
- ○ 化工生产的操作方式
- ○ 化工生产工艺流程
- ○ 化工生产过程的主要参数

2. 评价化工生产过程的指标
- ○ 生产能力与生产强度
- ○ 消耗定额
- ○ 转化率、选择性和收率

3. 影响化工生产的主要因素
- ○ 温度
- ○ 压力
- ○ 原料配比

项目四　了解化工生产的操作规程

(Knowledge of chemical production rules)

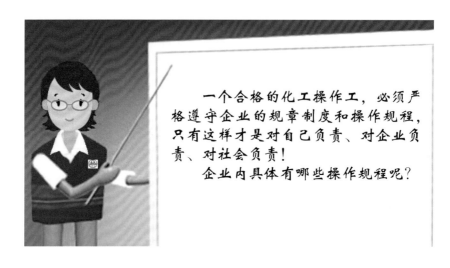

　　现代化工制造业是生产人员按科学分工，进行有组织的、协调性的生产活动。随着化工生产规模的扩大、品种的不断增多，装置种类日益齐全、操作分工愈加明细，各工序、各岗位的管理更加细化。因此，生产人员必须依据一定的规程，有组织地、规范地进行生产活动，约束相互关系，才能保证化工生产安全、高效、优质、有序运行。

　　俗话说：没有规矩不成方圆，细节决定成败。相关的规章规程制度是操作者从事化工活动的主要依据，也是化工企业规范管理的重要基础。

任务一　熟悉生产岗位操作规程

1. 明确制定依据

　　不同的操作工，由于其经历、性格、学识和经验的不同，不仅做事情的方式和步骤各不相同，而且在做每件事的标准和程度上也存在着一些差异。因此，必须根据化工生产过程划分操作岗位，要求操作者在界定范围内合理运用生产资料、劳动工具进行生产活动。

2. 熟悉相关内容

岗位操作规程是规定操作工进行生产活动的技术文件。

一般包括岗位责任和操作规程两部分。

（1）岗位责任

明确规定了操作者的职责范围、权限与责任、操作的相关要求（设备及运行情况、巡检及记录情况、事故及报告情况）等。

（2）操作规程

注重于实际操作方法，通常包括岗位的生产原理和工艺流程、主要设备（结构、规格、材料和特征）、工艺参数、开停车操作步骤、正常运行方法、常见故障及处理等信息。

另外，有的岗位操作规程还对常见的应急情况作出说明，即风险评估，要求操作工根据假设的紧急状况实施应急反应行动。

 案例欣赏 : 一）　化工离心泵操作规程（节选）

一、泵的启动

1. 运转前应检查泵转动是否灵活；机械密封应无摩擦现象；贮油器油位是否正常；电机转动方向是否正值。

2. 关闭泵出口阀门。

3. 对外部有冲洗的机械密封，启动前应先开启冲洗液使密封腔内充满密封液。

4. 灌泵排气，防止气缚现象产生（使液体充满泵腔）。

5. 接通电源，当电机达到额定转速后逐渐开启出口阀门（泵出口阀门关闭时泵连续工作时间不能超过3min）。

二、泵的运转

1. 经常检查泵和电机的发热情况和轴承温度。

2. 经常检查机械密封的密封性能。

3. 轴承润滑油加注量以油位计中心线2mm左右。

4. 注意电动机电流、温度等参数是否在规定范围内，超过规定指标应立即查明原因并处理。

5. 不能用吸入管上的阀门调节泵的流量，避免产生气蚀。

6. 泵不能在低于30%设计流量下长期运转。

······

任务二　熟悉化工生产工艺规程

1. 认识"工艺规程"

将某产品生产的反应原理、工艺路线、生产方法等有关内容，用文字、表格和图示的形式固定下来用以指导生产，这个文件称为"工艺规程"。

2. 熟悉规程涵盖的内容

- 原料、产品的特征及质量标准；
- 生产工艺流程及带有控制点的工艺流程图；
- 各生产工序的工作原理和主要工艺技术条件；
- 设备一览表及维护保养要求；
- 公用工程使用情况和主要技术经济指标；
- 中间品、产品质量指标的检查项目及次数；
- 工艺控制点的相关说明；
- 风险评估及应急处理说明；
- 装置的开停车步骤及注意事项；
- 生产特点及安全规定；
- 劳动防护设施与实施等。

3. 了解呈现形式

企业所用工艺规程的具体格式虽不统一，但内容大同小异。一般来说，工艺规程的形式按其内容详细程度，可分为以下几种：

- 工艺过程卡；
- 工艺卡；
- 工序卡。

4. 知道工艺规程的作用

（1）指导生产的主要技术文件，规范工人操作的生产法规，直接影响着产品成本、劳动生产率和原材料消耗，影响着企业的生产和发展。

（2）生产准备的主要依据。

任务三　熟悉安全技术规程

1. 认识安全技术规程的重要性

没有生产者的安全，就没有生产活动，更谈不上产品和利润。安全生产人人有责！

根据化工生产特点制定的安全技术规程，确保生产安全，约束操作工行为，既对企业负责又对个人负责。

安全第一　预防为主　珍爱生命！

2. 熟悉规程涵盖的内容

- 装置（设备、电气、仪表等）特点；
- 有害物质信息及贮运、使用注意事项；
- 生产过程中的不安全因素；
- 安全操作规定及安全生产责任制；
- 劳动防护措施及急救处理。

3. 明确职责权限

- 操作工人、班组长、安全员、装置长或工段长：分工明确、各负其责；
- 严格遵守安全技术规程；
- 及时报告与紧急处置；
- 预防为主实施急救。

项目小结

切记：没有规矩不成方圆！
细节决定成败！
操作工必须遵守的"四大规程"

○　安全操作规程
○　工艺操作规程
○　岗位操作规程
○　分析检验规程

知识窗

标准操作规程

现代化的管理理念中，特别强调标准操作规程（SOP：Standand Operation Procedure）及标准作业程序的执行。其实质就是将某一事件的标准操作步骤和要求以统一的格式描述出来，用以指导和规范日常工作。其精髓在于对相关操作步骤进行细化、量比和优化，它不仅仅是详尽的操作说明，还是管理规范的一部分，涵盖着质量控制和管理理念，既可以提高企业的运行效率，又提高了企业的运行效果。

趣味活动

学习国家原化学工业部颁发的《化工企业安全生产禁令》（简称《四十一条禁令》）。

化工企业安全生产禁令

生产厂区十四个不准

1. 加强明火管理，厂区内不准吸烟。

2. 生产区内，不准未成年人进入。

3. 上班时间，不准睡觉、干私活、离岗和干与生产无关的事。

4.在班前、班上不准喝酒。

5.不准使用汽油等易燃液体擦洗设备、用具和衣物。

6.不按规定穿戴劳动保护用品，不准进入生产岗位。

7.安全装置不齐全的设备不准使用。

8.不是自己分管的设备、工具不准动用。

9.检修设备时安全措施不落实，不准开始检修。

10.停机检修后的设备，未经彻底检查，不准启用。

11.未办高处作业证，不系安全带、脚手架、跳板不牢，不准登高作业。

12.石棉瓦上不固定好跳板，不准作业。

13.未安装触电保安器的移动式电动工具，不准使用。

14.未取得安全作业证的职工，不准独立作业；特殊工种职工，未经取证，不准作业。

操作工的六个严格

1.严格执行交接班制

2.严格进行巡回检查

3.严格控制工艺指标

4.严格执行操作法（票）

5.严格遵守劳动纪律

6.严格执行安全规定

动火作业六大禁令

1.动火证未经批准，禁止动火

2.不与生产系统可靠隔绝，禁止动火

3.不清洗，置换不合格，禁止动火

4.不消除周围易燃物，禁止动火

5.不按时作动火分析，禁止动火

6.没有消防设施，禁止动火

进入容器、设备的八个必须

1.必须申请、办证，并得到批准

2.必须进行安全隔绝

3.必须切断动力电，并使用安全灯具

4.必须进行置换、通风

5.必须按时间要求进行安全分析

6.必须佩戴规定的防护用具

7.必须有人在器外监护，并坚守岗位

8.必须有抢救后备措施

机动车辆七大禁令

1.严禁无令、无证开车

2.严禁酒后开车

3.严禁超速行车和空挡滑车

4.严禁带病行车

5.严禁人货混载行车

6.严禁超标装载行车

7.严禁无阻火器车辆进入禁火区

项目五 了解质量检测与过程控制

（Knowledge of quality inspection and process control）

请诸位思考两个问题：

1.操作工如何知道反应进行的程度和装置运行的状态？

2.当操作工发现带有夹套的反应釜其内部温度过高时，怎样进行调节控制以确保反应顺利进行？

现代化工制造过程能否顺利进行，不仅需要适宜的工艺条件和规范的生产操作，还要及时地"跟踪"生产进程，优质地控制生产过程，才能实现化工生产的目标。

任务一 了解质量检测过程

产品质量检测是化工生产的"眼睛"，它可以及时跟踪生产运行情况，评估生产运行效果，调节生产运行方案，确保原料、产品乃至环境的质量。

1. 知道检测方法

质量检测就是对生产过程中物料的一个或多个质量特性进行观察、测量、试验，并将结果和规定的质量要求进行比较，以确定每项质量特性合格情况的技术性检查活动。

常见的检测方法有：

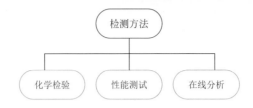

（1）化学检验

化学检验是化学分析、仪器分析在化工生产过程中的应用。

➕ 化学分析是用化学的方法研究物质的组成。

依据分析任务的不同，可分为定性分析和定量分析。

➤ 定性分析

定性分析是研究某组分在被测物质中是否存在，即鉴定物质是由哪种元素、离子或者有机物官能团组成。

➤ 定量分析

定量分析是测定被测物质中各组分的相对含量。

➕ 仪器分析是采用专门的检测仪器，测定被测物质的含量。

气相色谱分析仪

电子天平

（2）性能测试

性能测试指用物理或化学的方法测试样品的物理性能、力学性能和化学性能等。

（3）在线分析

在线分析仪表是用于化工生产流程中（即在线）连续或周期性检测物质化学成分或某些物性的自动分析仪表。它可以自动分析与产品质量有关的物性和物质成分，实现对产品质量的直接控制。

➕ 在线分析的特点是无需人工取样，系统自动完成。

➕ 基本构成：

➤ 取样、预处理及进样系统；

➤ 分析器；

➤ 电源和电子线路；

➤ 显示、记录器。

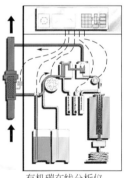
有机碳在线分析仪

2. 认识质量检测的主要功能

（1）鉴别功能

依照相关的技术标准和工艺规程，确定原材料、半成品及成品的质量。

（2）"把关"功能

适时、严格的质量检测可以及时发现问题，实现不合格的产品组成部分及中间产品不转序。

（3）预防功能

前道过程的把关，就是后续过程的预防。

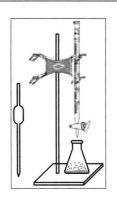

- 判断生产过程的状态是否受控；
- 发现问题，及时采取措施予以纠正；
- 预防不稳定生产状态的出现。

（4）报告功能

将检测获取的数据和信息及时反馈给相关人员。

3. 掌握质量检测的主要步骤

（1）检测准备

- 熟悉检测要求；
- 确定检测方法；
- 选择计量器具和仪器设备；
- 明确采样方案，确定被检物品的数量；
- 掌握规范化的检测规程（细则）等。

（2）规范检测

- 采样与制样；

- 测量或试验。

（3）认真记录

（4）比较分析

（5）确认处置

任务二　熟悉过程控制

任何一个化工生产过程都必须在规定的温度、压力、物位、流量、配比等工艺参数下进行，才能保证产品的产量和质量。化工自动控制系统的作用就是确保生产过程的工艺参数按照生产要求稳定不变或者是按照某种要求变化，从而实现化工生产的安全、优质、高产、低耗。

1. 熟悉四大检测仪表

检测是现代化工生产的眼睛，是整个化工生产自动化控制系统的基础。化工生产中的工艺参数虽然不是生产的最终指标，但通过对工艺参数的直接测量可以间接地控制生产过程、确保产品质量。

（1）压力检测仪表

化工生产中，由于各种工艺设备和测量仪表通常是处于大气之中，本身承受着大气压力。所以，工程上经常用表压或真空度来表示压力的大小。

弹性式压力计

- 功能

压力检测仪表用以指示、记录、报警、远传、控制等。

- 类型

按照其转换原理的不同，压力检测仪表大致可以分为以下四大类：

- 液柱式压力计
- 弹性式压力计
- 电气式压力计
- 活塞式压力计

化工生产中应用最广的是弹性式压力计。

（2）流量检测仪表

➡ 目的

➤ 确定参与反应各物料的数量与比例；

➤ 了解能量使用情况；

➤ 判断相关设备的运转情况；考核生产过程的经济效果。

➡ 类型

➤ 速度式流量仪表（例如差压式流量计、转子流量计、电磁流量计等）；

➤ 容积式流量仪表（例如椭圆齿轮流量计、盘式流量计等）；

➤ 质量式流量仪表。

常用且较为理想的流量仪表为质量式流量仪表。

转子流量计

（3）物位检测仪表

➡ 目的

➤ 确定容器或贮罐中的原料、辅料、半成品或成品的数量；

➤ 了解某一特定水准面上的物料相对变化以连续控制生产工艺过程。

➡ 类型

➤ 直读式物位仪表（例如玻璃管液位计）

➤ 差压式物位仪表（例如电容差压液位计）

➤ 浮力式物位仪表（例如磁性浮球液位计）

➤ 电磁式物位计等（例如超声波物位计、放射性物位计）

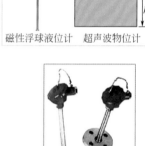

磁性浮球液位计　　超声波物位计

（4）温度检测仪表

化工生产的各种工艺过程都需在一定的温度下进行，温度是反映化工生产的重要指标。

按测温方式可将温度表分为：

➤ 接触式温度检测仪表（膨胀式、压力式、热电偶、热电阻等）；

➤ 非接触式温度检测仪表（辐射式、红外线式等）。

热电偶

加油站！！！

测量端（热端） T　金属A　参比端（冷端）　金属B　T_0

热电效应示意图

热电偶工作原理简介

两种不同成分的导体（称为热电偶丝材或热电极）两端接合成回路，当接合点的温度不同时，在回路中就会产生电动势（热电势），这种现象称为热电效应。

热电偶就是利用这种原理进行温度测量的，其中，直接用作测量介质温度的一端叫做测量端（热端），另一端叫做参比端（冷端）。冷端与显示仪表或配套仪表连接，显示仪表会指出热电偶所产生的热电势，从而得知温度大小。

2. 了解自动控制系统

检测仪表的功能只是指示和记录化工生产中温度、压力、物位、流量这些被控变量的大小，从而让操作工知晓化工生产运行情况。其实，检测的更大目的在于根据被控变量的数值对生产进行自动控制，保证装置安全、稳定、长期、满负荷、优质顺利运行。

（1）人工控制系统

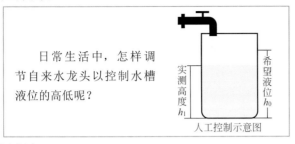

人工控制示意图

具体控制过程为：

眼睛⇒观察实际液位的高度 h_1

大脑⇒比较实际液位 h_1 与希望液位 h_0 的差异

双手⇒调节阀门大小控制流量

图2.16为液位（人工）反馈控制系统方框图。

（2）自动控制系统

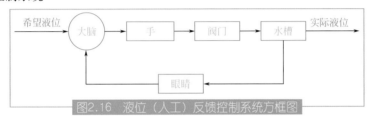

图2.16　液位（人工）反馈控制系统方框图

自动控制系统是在人工控制的基础上产生和发展起来的，它用仪表等自动化装置代替人的眼睛、大脑和双手，实施生产中的观察、比较、运算、判断和执行等功能，从而完成自动控制。

眼睛 ⟺ 检测元件及变送器

检测参数数值大小并转换为相应的检测信号。

大脑 ⟺ 控制器

比较检测信号与设定值的偏差并进行判断、运算，发出控制信号给调节阀。

手脚 ⟺ 调节阀

调节阀门大小实施控制。

需要控制的设备、机器或生产过程 ⟺ 被控对象

图2.17为人工控制示意图。

图2.18为自动控制示意图。

3. 了解自动控制系统的类型

化工生产中，被控变量（温度、压力、流量、物位等）不可避免地发生变化，应当选择合适的控制系统对被控变量进行控制。

按照控制系统的复杂程度大小，可将其分为以下几种。

（1）简单控制系统（单回路控制系统）

简单控制系统是生产过程自动控制中

图2.17　人工控制示意图

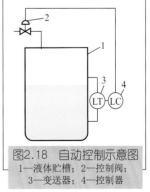

图2.18　自动控制示意图

1—液体贮槽；2—控制阀；
3—变送器；4—控制器

最简单、最基本、应用最广的一种控制形式。

🔻 构成

四个基本环节组成：

➤ 被控对象；

➤ 测量变送装置（检测元件、变送器）；

➤ 控制器；

➤ 调节阀。

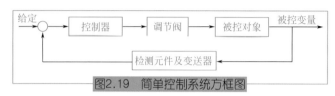

图2.19　简单控制系统方框图

图2.19为简单控制系统方框图。

🔻 特点

简单控制系统是根据被控变量的测量值与给定值的偏差来进行控制。

➤ 构成简单；

➤ 需用设备少；

➤ 易于调整和运行等。

（2）复杂控制系统

随着现代化工制造业的迅猛发展，操作条件更加严格、变量之间关系更加复杂等，简单控制系统已不能满足生产工艺要求，相应地出现了其他的一些控制系统，例如复杂控制系统和新型控制系统等。复杂控制系统又称为典型控制系统。

🔻 特点

➤ 仍然是常规仪表装置构成的控制系统；

➤ 采用的测量元件、变送器、控制器、执行器等自动化仪表数量较多；

➤ 构成系统复杂，功能更齐全等。

🔻 类型

➤ 串级控制系统；

➤ 均匀控制系统；

➤ 比值控制系统；

➤ 前馈控制系统等。

🔻 串级控制系统介绍

串级控制系统是指一个自动控制系统由两个串联控制器通过两个检测元件构成两个控制回路，并且一个控制器的输出作为另一个控制器的给定。

➤ 串级控制系统方框图见图2.20。

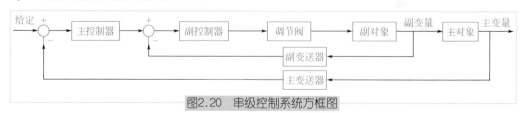

图2.20　串级控制系统方框图

➤ 氯乙烯聚合的温度控制实例见图2.21。

控制目的：聚合反应温度是保证聚氯乙烯产品质量的重要指标。氯乙烯聚合反应是剧烈的放热

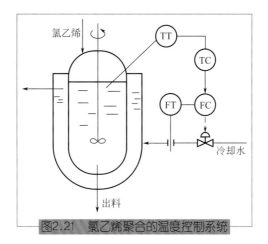

图2.21　氯乙烯聚合的温度控制系统

反应，倘若聚合温度急剧升高，势必造成聚合度下降、分子结构变差，甚至引发爆聚。

控制方案：通过调节夹套冷却水流量的大小控制反应器内温度。

① 根据温度变送器得知反应器内温度状况；

② 根据器内温度状况决定是否调节反应器内温度高低值；

③ 将温度信号传送给冷却水流量控制系统；

④ 通过改变冷却水阀门的阀开度大小控制反应器内温度。

趣味活动

　　你知道化工企业的"外操"与"内操"是怎么回事吗？到化工企业去，到生产现场去，肯定会一清二楚。说不定还会知道一些DCS和PLC的知识。

项目小结

1. 质量检测是化工生产的"眼睛"

○　常用的检测方法

○　质量检测的主要功能

○　质量检测的主要步骤

2. 化工过程控制是确保装置安全、优质、高产、低耗运行的关键

○　常用的四大检测仪表

○　自动化知识

○　自动控制系统

1.为什么说化学是打开物质世界的钥匙？

2.有些人对化学品是"谈虎色变"，请解读这种现象并谈谈你个人的看法。

3.化学变化的主要特征有哪些？人们如何利用了这些特征？

4.化学品中的"三酸两碱"、"三烯、三苯、一炔、一萘"各指的是什么？

5.化工生产过程由几个基本步骤组成？各步骤的主要任务是什么？

6.常见的化工单元操作分为几种传递过程？请注意观察周边现象，举出几个传递过程的生活实例。

7.请说出化工生产的主要原料类型和主要产品。

8.石油的主要加工方法有哪些？烯烃和芳烃是如何得到的？

9.从石油中可得到哪些油品？

10.天然气的主要成分是什么？使用天然气作为化工原料的优势何在？

11.什么是生物质？怎样利用我们周围的生物质材料？

12.请讨论从阶段推行"煤代油"技术的利与弊。

13.试说明乙烯在现代化工生产中的重要性。

14.通过哪些主要步骤，化工原料可以变成化工产品？

15.化工生产的操作方式有哪些？特点何在？

16.什么是化工生产工艺流程？化工工艺流程图的类型有哪些？

17.请根据学校或企业某一化工实训（生产）装置，绘制简单的工艺流程方框图或工艺流程简图。

18.化工生产中一定要使用催化剂吗？催化剂的作用是什么？

19.催化剂使用之前必须注意什么？

20.化工生产中使用的公用工程作用是什么？其涵盖了哪些内容？

21.化工生产节能降耗的措施有哪些？

22.蒸汽是化工厂常用的热源，倘若某反应器需要的反应温度是65℃，试问应该如何操作？

23.乙烯制备二氯乙烷，反应式为 $C_2H_4+Cl_2 \longrightarrow CH_2Cl—CH_2Cl$

已知通入反应器的乙烯量为600kg/h，乙烯含量为92%（质量分数），反应后得到的二氯乙烷量为1700kg/h，测得尾气中含有的乙烯量为40kg/h，试求乙烯的选择性和二氯乙烷的收率。

24.温度、压力、浓度等是如何影响化学反应的？

25.化工生产中为什么要强调执行相应的规章制度？

26.质量检测的目的是什么？检测方法有哪些？

27.操作工如何知道化学反应进行的程度？

28.用什么方法分析检测自来水的水质？

29.何为自动控制系统？请设计一个液位自动控制回路。

30.请说明现代化工生产中实施生产过程自动控制的重要性。

31.撰写小论文：从自身做起，注重节能降耗。

单元三 了解化工机械及设备

学习目标

- ✤ 了解化工材料的主要性能
- ✤ 熟悉化工常用材料
- ✤ 认识管子、管件与阀门
- ✤ 理解管路的保温与涂色
- ✤ 熟悉常用的化工生产设备

项目一　了解化工装置常用材料

（Knowledge of common material used in chemical equipment）

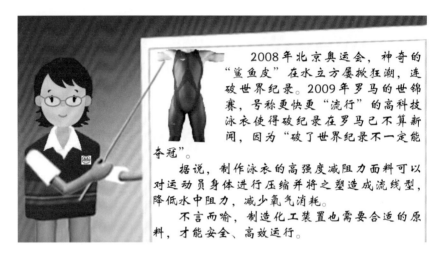

2008年北京奥运会，神奇的"鲨鱼皮"在水立方屡掀狂潮，连破世界纪录。2009年罗马的世锦赛，号称更快更"流行"的高科技泳衣使得破纪录在罗马已不算新闻，因为"破了世界纪录不一定能夺冠"。

据说，制作泳衣的高强度减阻力面料可以对运动员身体进行压缩并将之塑造成流线型，降低水中阻力，减少氧气消耗。

不言而喻，制造化工装置也需要合适的原料，才能安全、高效运行。

化工生产装置通常是由化工机械、化工仪表、管道和构筑物等因素构成，为了保证装置经久耐用、安全可靠、性能良好且价格低廉，就必须认识和了解建造化工生产装置所需的材料，以确保化工生产安全且高效运行。

任务一　了解化工材料的主要性能

材料是物质，是人类用于制造物品、器件、构件、机器或其他产品的那些物质。

材料是人类赖以生存和发展的物质基础，材料与能源、信息一起被公认为现代文明的三大基础支柱，无论是在工业生产和科技发明，还是在人们生活的方方面面，材料对于人类社会的发展发挥着举足轻重的重要作用。

材料的性能是指材料的性质和功能。性质是指材料本身所具有的特质或本性；功能是人们对材料的某种期待与希望功效，以及材料在承担某些功效下的具体表现或能力。

1. 了解化工材料的力学性能

力学性能又叫机械性能，是指材料抵抗外力时所反映出来的能力。由于化工机械一般都承受着一定的外力（压力、拉力或冲击力），所以化工材料的力学性能通常包括以下几个方面。

（1）强度

材料在静载荷作用下抵抗变形和断裂的能力称为强度。

例如：抗拉强度、抗冲强度、抗扭强度等。

（2）硬度

材料抵抗其他硬物压入其内的能力称为硬度。

化工机械零件所用的材料，都要求有一定的硬度，以保证其强度大、耐磨及寿命长。

（3）脆性

脆性指材料在外力作用下未及明显变形就发生断裂的性质。

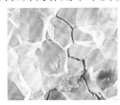

倘若使用左图的材料制造汽车保险杠，该汽车能保险吗？

（4）冲击韧性

材料抵抗冲击载荷而不被破坏的性能称为冲击韧性。

（5）塑性

材料在外力作用下产生永久变形而不被破坏的能力称为塑性。

（6）蠕变

蠕变指材料受多种应力作用发生缓慢而连续变形的现象。

（7）疲劳极限

疲劳极限指材料在长期的交变载荷作用下，而不致断裂的最大应力。

新型材料——碳纤维

　　密度不到钢的1/4，抗拉强度却是钢的7～9倍；具有优异的力学性能，耐腐蚀性和耐疲劳性佳，无裂变等。

2. 了解化工材料的化学性能

化工材料不仅应具有一定的力学性能，还必须具有良好的化学稳定性和热稳定性。

（1）化学稳定性

耐腐蚀

材料在常温或高温条件下，抗氧、水蒸气及其他化学介质的侵蚀，延长装置的使用寿命，减少安全事故，保证产品的产量和质量。

耐腐蚀性管道、泵

抗氧化

橡胶、塑料等高分子化合物在加工、贮存和使用过程中，受内外因素（如阳光、氧气、臭氧、热、水、机械应力、工业气体、海水、盐雾等）的综合作用，变得黏软或硬脆，以致最后丧失使用价值，这种现象称为老化。

化工生产中的许多设备一般都暴露于自然或人工环境条件下工作，因此这些设备的材料必须具有良好的抗氧化性以免被氧化剥落而损坏。

耐酸碱

材料抵抗酸或碱的腐蚀能力。

（2）热稳定性

化工材料在高温下的化学稳定性。

3. 了解化工材料的物理性能

（1）密度

密度指单位体积物体的质量，单位是kg/m^3。

（2）熔点

熔点指材料从固体状态向液体状态转变时的熔化温度。

（3）导热性

材料传导热的性能称为导热性。一般情况下，金属材料的导热性比非金属材料好。

（4）热膨胀性

材料加热时体积胀大，冷却时收缩的性能为热膨胀性。

（5）导电性

材料能够传导电流的性能为导电性。

金属材料都具有导电性，其中以银的导电能力为最好，铜、铝次之。

4. 了解化工材料的加工性能

材料的加工性能是其物理、化学、力学性能的综合，表征了材料进行热、冷加工时的难易程度。

加工性能主要包括铸造、切削、焊接、热处理、成型等性能。图3.1为典型的高分子材料成型加工设备。

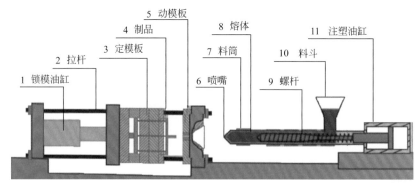

图3.1　典型的高分子材料成型加工设备

5. 了解化工材料的特殊性能

化工生产中某些工艺条件十分苛刻，化工装置通常需要具有特殊性能的材料建造。例如：耐高温、深冷、耐磨、导热、隔热、高压、真空等特殊性能。

耐火（陶瓷）纤维棉

任务二　了解化工常用材料的种类

化工常用材料主要分为两大类：金属材料和非金属材料。

1. 认识金属材料

可分为黑色金属材料和有色金属材料。

（1）黑色金属材料

黑色金属材料主要指生铁和钢（碳素钢和合金钢），多数化工机械设备都是用铸铁和碳钢制成的，例如某些反应器、贮槽等。

黑色金属　　有色金属

金属材料

（2）有色金属材料

黑色金属以外的其他金属及其合金即为有色金属材料。例如：镍、铜、铝、钛、锆及其合金。某些耐蚀、耐磨的弹簧、阀门、门锁等也为有色金属材料制品。

2. 认识非金属材料

随着新材料技术的迅猛发展，非金属材料在化工生产中的使用日益广泛。可分为无机非金属材料、有机非金属材料及复合材料。

（1）无机非金属材料

例如：石棉、玻璃、陶瓷、搪瓷、石墨等为无机非金属材料。

（2）有机非金属材料

例如：塑料、橡胶、沥青、涂料胶黏剂等为有机非金属材料。

（3）复合材料

如金属与金属的复合（复合金属板等）、非金属与非金属的复合（橡塑制品）、非金属与金属的复合（合金陶瓷）等均为复合材料。

案例欣赏 :-)

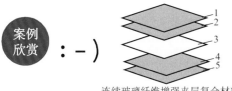

连续玻璃纤维增强夹层复合材料

2008年沙伯基础创新塑料和Azdel, Inc.推出了其最新的一种用于制造汽车水平车体覆盖件的连续玻璃纤维强化夹层复合材料。通过这种混合热塑性复合材料，汽车制造商可以设计出经济高效、轻质和符合空气动力学的车体覆盖件，从而加快研制高燃油效率车型的步伐以节约资源和保护环境。

趣味活动

请完成下列工作：

1. 有的反应釜是不锈钢材料制造，有的反应釜则是搪瓷材料制造，两者的区别在于_____。

2. 汽车保险杠的材料可以是_____，也可以是_____

3.

一个物体由三种材料构成，请你翻译并填空，说出三种材料的名称。

Silica Core
(   )

Hard Polymer C
(   )

Tefzel Jacket
(-40℃ to +150℃)

4. 你身边的新材料层出不穷，例如_____和_____。

项目小结

1. 化工材料的主要性能有

力学性能、化学性能、物理性能、加工性能、特殊性能等。

2. 化工常用材料主要分为两类

○ 金属材料

黑色金属材料

有色金属材料

○ 非金属材料

无机材料（石棉、玻璃、搪瓷等）

有机材料（塑料、橡胶、沥青等）

复合材料（双层金属板、橡塑管等）

知识窗

2008年，北京成功举办的第29届奥运会令全球瞩目，"鸟巢"、"水立方"等一批奥运标志性场馆使得绿色化工材料在本届奥运会上大放异彩。

■ 绿色涂料

奥运村、"鸟巢"和"水立方"等场馆设施都采用了零VOC（挥发性有机化合物）和低VOC水性涂料。"水立方"的泡泡吧采用了无溶剂以及水性聚氨酯环保涂料。水性聚氨酯涂料具有无污染、黏合持久、干燥时间更短等特性，并且更容易维护；"鸟巢"钢结构的涂装选用的则是氟碳涂料。氟碳涂料不仅耐候、耐溶剂、耐酸碱性能优异，而且成膜物质高度稳定，无毒无害，是一种新兴的高端涂料。

■ 隔热保温材料

在奥运建筑方面，聚氨酯材料、乙烯–四氟乙烯的共聚物（ETFE）膜材料等为奥运建筑穿上了绚丽的保暖外衣。"水立方"的外立面涂层采用的是乙烯–四氟乙烯的共聚物（ETFE）膜材料，具有自我清洁、节能、隔热保温等功能。仅在控温方面，膜结构就能帮助"水立方"节省30%的电力。"鸟巢"铺的是两层膜，不仅有保温节能功能，还能起到环保和降低噪声作用。

■ 耐候阻燃材料

"鸟巢"8万个固定座椅采用了聚丙烯中空成型材料，在耐候、阻燃等方面均达到国际领先水平，并实现了可回收再利用。

项目二　熟悉化工管路

（Familiarity with chemical pipelines）

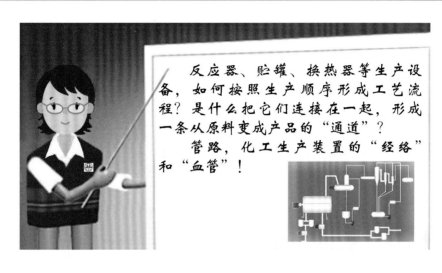

　　管路是由管路组成件和管路支承件组成，化工生产中所有的管路，统称为化工管路。化工管路是化工生产装置重要的组成部分，生产中各种流体（气体或液体）的输送、分配、混合、计量、控制等，全靠管路形成通道，设备与设备间的连接也要用管道来"搭桥"，所以人们常将管路比喻为化工厂的"血脉"。

任务一　知道管路标准化知识

　　管路标准化就是统一规定管子和管路附件（管件、阀件、法兰和垫片等）的主要参数与结构尺寸，是有关行业必须共同遵守的技术文件。其目的在于统一管子和管路附件产品的规格，方便设计制造和安装检修，使管件互相配合或互换使用。

　　管路标准化最重要的内容之一是直径和压力的标准化和系列化，即管道工程常用的公称通径（公称直径）系列和公称压力系列。

1. 知道压力标准

（1）公称压力

　　管道输送的介质具有一定的压力，不同压力的介质需用不同强度标准的管道来输送。为使设计和使用部门能正确选用管材，规定了一个系列的压力等级，这些压力等级被称为公称压力。

　　公称压力用符号 PN 表示，单位为MPa。例如，公称压力为2.5MPa，则以 $PN2.5$ 表示。

　　现行规定：低压管道的公称压力分为0.1MPa、0.25MPa、0.6MPa、1.0MPa、1.6MPa五个压力级别，中压管道的公称压力分为2.5MPa、4.0MPa、6.4MPa和10MPa四个压力级，公称压力大于10MPa的为高压管道，大于100MPa的为超高压管道。

（2）试验压力（p_s）

小王兴致勃勃地与师傅们一起完成了新装置的安装任务。当他踌躇满志地准备投料开车、急盼新产品下线时，师傅却说还有一件非常重要的工作没做，而且非做不可。那是什么工作呢？

化工管路系统建成或大检修后，均需按规定进行压力试验（试压）以检查系统的强度和严密性，从而保证生产安全稳定运行。试压包括强度试验和严密性试验。

强度试验是为了测试管路系统能否承受规定的压力，包括液压强度和气压强度试验。从安全角度出发，在条件允许的情况下，一般采用液压强度试验（水压试验）。通常以低于100℃的水作水压试验的标准。

气密性试验是为了检验管路系统各连接部分的密封性以保证管路系统能在使用压力下保持严密不漏。气密性试验一般应在水压试验合格后进行，采用的气体通常为干燥洁净的空气、氮气或其他惰性气体。

试验压力用符号 p_s 表示。一般情况下，试验压力为公称压力的2~1.5倍，公称压力大则倍数值小些。

（3）工作压力

工作压力是指管道在正常运行情况下，所输送的工作介质的压力，用符号 p 表示。介质最高工作温度数值除以10所得的整数值，可标注在 p 的右下角。

例如：某阀件工作介质最高温度250℃，工作压力为1.0MPa，用 $p_{25}1.0$ 表示。

2. 知道口径标准

表示管路直径的尺寸，称为口径。

（1）公称直径

为了设计、制造、安装和修理方便，使管子、管件及阀门等相互连接在一起而规定的标准通径，有时候也称为公称直径或名义直径。它是就内径而言的标准，近似于内径而不是实际内径。根据公称直径，可以确定管子、管件、阀件、法兰和垫片等的结构尺寸和连接尺寸。

（2）壁厚

知道公称压力后可查表得知管壁的厚度。

同一公称直径的管子，外径必定相同，但内径则因壁厚不同而异，故与管子的内径相接近，但不一定相等。

（3）公称直径的表示方法

用符号 DN 表示，其后注明公称通径数值为毫米（mm）。

例如：$DN1000$ 表示管子公称直径为1000 mm。

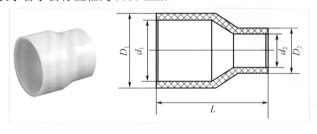

任务二　认识管子及管件

化工管路是化工企业输送流体的通道，主要由管子、管件和阀门三部分构成，还包括一些附属于管路的管架、管卡、管撑等附件。

1. 认识管子的种类

管子是管路的要件，生产中使用的管子按管材不同可分为金属管、非金属管和复合管。

管子的规格一般用"ϕ外径×壁厚"表示，例如$\phi32×2.5$，即此管的外径为32 mm，管壁的厚度为2.5 mm。

（1）金属管

金属管主要有以下几种。

🔸 有缝钢管（含合金钢管）

有缝钢管可分为水、煤气钢管和电焊钢管等。

有缝钢管比无缝管容易制造，价廉，但由于接缝的不可靠性（特别是经弯曲加工后），故只广泛用于压力较低和危险性较小的介质，如水、空气、低压蒸汽等。

🔸 无缝钢管

无缝钢管的种类较多，化工生产应用广泛。

➤ 由于其强度高，主要用在高压和较高温度的介质输送或作为换热器和锅炉的加热管；

➤ 强腐蚀性介质和可燃可爆介质的输送。

🔸 铸铁管

常用的铸铁管有普通铸铁管和硅铁管。

🔸 紫铜管与黄铜管

紫铜管与黄铜管主要用于化工厂的某些特殊生产工艺，例如：

➤ 深度冷冻和空分设备需要使用紫铜管和黄铜管；

➤ 紫铜管适用于低温管路和低温换热器的列管；

➤ 黄铜管多用于海水管路。

（2）非金属管

🔸 陶瓷管

陶瓷管可用来输送工作压力为0.2MPa及温度在423K以下的腐蚀性介质。

最大的特点是耐酸碱（除氢氟酸外），但承压能力低、性脆易碎等。

🔸 水泥管

水泥管多用于下水道污水管。

🔸 玻璃管

玻璃管具有耐蚀、透明、易清洗、阻力小、价格低廉等优点，但性脆、热稳定性差、耐压力低等。

🔸 塑料管

常用塑料管有硬聚氯乙烯塑料管、酚醛塑料管和玻璃钢管。

➤ 硬聚氯乙烯塑料管

硬聚氯乙烯塑料管具有抵抗任何浓度的酸类和碱类的特点，常用于生活中的排污管道等。

➤ 酚醛塑料管

➤ 玻璃钢管

玻璃钢管质轻、高强度、耐腐蚀（除不耐 HF、浓HNO_3和浓H_2SO_4外）、耐温、电绝缘、隔音、绝热等性能都很优异。

🔸 橡胶管

橡胶管只能做临时性管路及某种管路的挠性连接，如接煤气、抽水等；但不得作永久性的管路。

橡胶具有弹性好、耐磨、强度高等优良性能，为何不适宜用作永久性的管路材料？

（3）复合管

由金属与非金属两种材料复合得到的管子称为复合管。

选用目的：为了节约成本、增加强度和防腐。

应用场合：通常作用在一些管子的内层，衬以适当材料，如金属、橡胶、塑料、搪瓷等而形成。

 ：－） 钢丝网骨架聚乙烯复合管

2. 认识常见阀门

阀门是流体输送系统中的控制部件，是管道重要的组成部分。

（1）作用与功能

阀门可以控制流体在管内的流动。它的功能主要体现在启闭、调节、节流、自控、保证安全等方面。

（2）选用原则

⬇ 流体特性（腐蚀性、含有固体颗粒、黏度大小等）

⬇ 功能（切断、调节）

⬇ 阻力损失

⬇ 材料

（3）常见阀门

⬇ 闸阀

又称为闸板阀、水门。用于对一般汽、水管路做全启或全闭操作。

特点：闸阀安装长度较小，无方向性；全开启时介质流动阻力较小；密封性能较好；加工较截止阀复杂，密封面磨损后不便于修理。

右图是一条水渠，是什么拦住了水的流动？

⬇ 截止阀

主要用来切断介质通路，也可调节流量，多用于给水、蒸汽管道。

特点：截止阀制造简单，价格较低，调节性能好；安装长度大，流体阻力较闸阀、球阀大；密封性较闸阀差，密封面易磨损，但其修理容易。

高温、高压介质的管路或装置上宜选用截止阀。如火电厂、核电站，石油化工系统的高温、高压管路上。城市建设中的供水、供热工程上，公称通径较小的管路，也可选用截止阀。

⬇ 球阀

主要用于管道的切断、分配和改向。

特点：开关迅速，操作方便，旋转90°即可开关；结构简单，零件少，重量轻，密封面不易损伤；流体阻力小，不能做调节流量用；适用于低温、高压及黏度较大的介质和要求开关迅速的管道部件。

石油、天然气的输送主管线，成品油的输送管线及城市煤气和天然气的管路上可选择球阀。

🔸 其他阀门

其他阀门见表3.1。

表3.1 其他阀门

阀门	使用场合
蝶阀	用于低压介质管道或设备上全开、全闭
单向阀	多用于给水管道。只允许水流单向流动，当水流方向相反时，阀门会自动关闭
减压阀	主要用于蒸汽管路，可将蒸汽压力降低，并将此压力保持在一定的范围内不变
疏水器	主要用于排除蒸汽管路内及各种蒸汽容器中的冷凝水，也是阻止蒸汽通过的一类自动阀件

3. 认识管件的种类

管件是管路的重要零件，其功能在于：连接管子、改变管径、变更方向、引出支管及封闭管路等。

（1）管件的类型

螺纹管接头、三通管、四通管、异径管、堵头等，如图3.2所示。

（2）管件分类

按其材质和用途可分为以下五类。

🔸 水、煤气管件

有内螺纹管与外螺纹管接头、活接头、异径管、等径与异径三通、等径与异径四通、外方堵头、等径与异径弯头、管帽、锁紧螺母等。

🔸 电焊钢管、无缝钢管和有色金属管的管件

包括弯头、法兰和垫片、螺栓等。

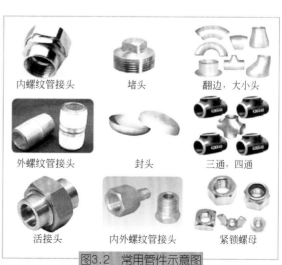

内螺纹管接头　　堵头　　翻边，大小头

外螺纹管接头　　封头　　三通，四通

活接头　　内外螺纹管接头　　紧锁螺母

图3.2 常用管件示意图

+ 铸铁管的管件

这类管件已标准化。

有弯头、三通、四通、异径管、管帽、嵌环等。

+ 塑料管的管件

酚醛塑料管的管件已标准化。

用钢管装铠的硬聚氯乙烯90°弯头和斜三通。

+ 耐酸陶瓷管件

这类管件已标准化。

常采用的有90°和45°弯头、三通、四通和异径管等。

4. 了解管件及管路的连接

（1）螺纹连接

螺纹连接又称丝扣连接。

+ 连接特点

螺纹连接简单、装拆方便、成本低。

+ 适用范围

水煤气管、小直径水管、压缩空气管及低压蒸汽管路等。

注意：不宜用于易燃、易爆和有毒介质的管道。

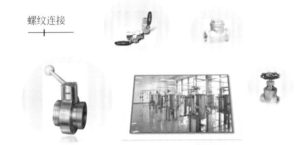

（2）法兰连接

法兰连接又称突缘连接或接盘连接。在化工生产中应用极为广泛。

+ 连接特点

法兰连接装卸方便、密封可靠、结合强度高等，其缺点是费用较高。

+ 法兰密封

法兰密封是指在两法兰之间添加适当的垫片（巴金垫），并用螺钉将两法兰拧紧。

法兰密封有平面密封、榫槽面密封、凹凸面密封。

+ 适用范围

各种压力和温度的管道。

法兰连接盘

法兰连接件（芯）

（3）承插式连接

承插式连接又称中栓式连接。

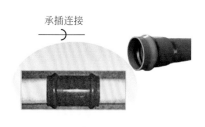
承插连接

弹性密封圈承插连接管材

连接特点

承插式连接安装较方便，允许各管段的中心线有少许偏差，管路稍有扭曲时，仍能维持不漏；但难于拆卸，不能耐高压。

应用场合

压力不大的上、下水管路。

（4）焊接连接

连接特点

焊接连接成本低、方便、不漏。

无论是钢管、有色金属管及聚氯乙烯管均可焊接。

焊接连接

上海卢浦大桥——首座采用焊接连接的特大型拱桥

适用范围

大直径的长管道的连接，凡是不需要拆装的地方，都可以采用焊接。

5. 知道管架的作用

管架对管道起支承、导向和固定作用。分为固定管架、活动管架等。图3.3为管架示意图。

图3.3　管架示意图

任务三　了解化工管路的保温与涂色

1. 了解化工管路的保温

（1）保温目的

减少物料在输送过程中的热（冷）损失，降低能耗，保证物流畅通；

减少管路的腐蚀，以维护管路；

防烫并降低操作区温度，改善劳动环境。

图3.4为管道保温的形式。

（2）保温材料

保温的实质是减少管道内外的热量传递。所以保温

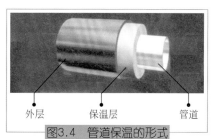
外层　　保温层　　管道
图3.4　管道保温的形式

材料的选择就应当选用热导率小、体轻、吸湿性小、来源广泛等的材料。

化工管路的保温材料种类繁多：

➤ 石棉纤维及其混合材料

➤ 硅藻土及其混合材料

➤ 高分子泡沫塑料

➤ 玻璃纤维

➤ 多孔混凝土

➤ 软木砖和木屑等

图3.5为部分保温材料。

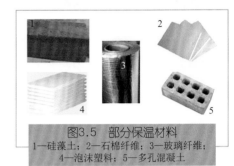

图3.5　部分保温材料
1—硅藻土；2—石棉纤维；3—玻璃纤维；
4—泡沫塑料；5—多孔混凝土

（3）保温范围

⬇ 制冷系统的管道及其附件；

⬇ 必须采用伴热措施的管道及其附件；

⬇ 管道表面温度高于50℃、人员经常出入的区域等。

2. 了解化工管路的伴热

（1）伴热目的

⬇ 伴热概念

伴热是指与管路内的物料"结伴而行"：物料在管内、热在管外。

⬇ 伴热目的

伴热能对管路上的化工物料进行保温或加热，避免物料在输送过程中因降温可能引起的结晶或凝固，以保证输送物料"畅通无阻"。

（2）伴热方式

伴热方式有蒸汽伴热、电伴热。

3. 了解化工管路的涂色

（1）涂色目的

化工生产企业内的管路纵横交错，密如蛛网，为了便于操作者区别各种类型的管路，知道管路中流经的物料种类，必须在管路的保护层或保温层表面涂上不同颜色。

化工管路涂色的目的：安全、防腐、醒目、美观和整洁。

（2）国家标准

国家标准（GB）对工业管道的基本识别色、识别符号和安全标识做了统一规定。根据管道内流经物质的一般性能，将其分为8类，如表3.2所示。

表3.2　管道涂色国标

物质种类	基本识别色	色　　样	颜色标准编号
水	艳绿色		G03
水蒸气	大红色		R03
空气	淡灰色		B03
气体	中黄色		Y07
酸或碱	紫色		P02
可燃液体	棕色		YR05
其他液体	黑色		
氧	淡蓝色		PB06

（3）实例欣赏

化工企业的管路涂色一般有两种方法：一种是单色，另一种是在底色上添加色圈（通常每隔

2m有一个色圈，其宽度为50～100mm）。

例如：

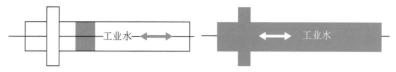

根据国标，各企业可根据具体情况自行调整或补充。表3.3列有常用化工管路的涂色。

表3.3 常用化工管路的涂色

管路类型	底色	色圈	管路类型	底色	色圈
过热蒸汽管	红色		酸液管	红色	
饱和蒸汽管	红色	黄色	碱液管	粉红色	
蒸汽管（不分类）	白色		油类管	棕色	
压缩空气管	深蓝色		给水管	绿色	
氧气管	天蓝色		排水管	绿色	红色
氨气管	黄色		纯水管	绿色	白色
氮气管	黑色		凝结水管	绿色	蓝色
燃料气管	紫色		消防水管	橙黄色	

涂色用的颜料有两种，即涂料与硅酸盐颜料。前者涂于包扎类保护层，后者涂于石棉水泥类保护层。

项目小结

1. 管路标准化知识
   ◎ 公称直径系列
   ◎ 公称压力系列
2. 管子的种类
   ◎ 金属管、非金属管、复合管
3. 管件的种类
   ◎ 管件的功能、类型
   ◎ 管件及管路的连接、管架
4. 化工管路的保温与涂色
   ◎ 保温目的与保温材料
   ◎ 管路涂色

项目三　认识化工生产设备

（Recognizing chemical equipment）

> 俗话说：巧妇难为无米之炊。就是说，没有米根本烧不出一锅香喷喷的米饭。问题在于：有了米，但没有烧饭的"家伙"，我们能烧出一锅香喷喷的米饭吗？
>
> 同理，在化工生产中，有了原料但没有设备，同样得不到与人类生活、经济建设、国防科技等诸方面休威相关的化工产品。
>
> 因此，化工生产设备类似于烧饭的"锅"，有必要去认识它的形状、了解它的结构……

　　化工生产中为了将原料加工成一定规格的成品，需要经过原料预处理、化学反应以及产物分离和后处理等一系列加工过程，而实现这些过程所用的机器和设备，一般都被称为化工机械。

　　化工机械是现代化工生产中所用机器和设备的总称，是化工生产得以顺利进行的外部条件，化工产品的质量、产量、成本和效益，很大程度上取决于化工设备的完好程度和运行状态。

　　化工机械通常可分为两大类：①化工机器：指主要作用部件为运动的机械（动设备）；②化工设备：指主要作用部件是静止的或配有少量运动的机械（静设备）。

任务一　认识动设备

1. 掌握基本概念

　　动设备是指化工生产中带有转动部件的工艺设备，例如各类过滤机械、流体输送机械、搅拌机械、压缩机、旋转干燥机械等。

2. 了解动设备的种类

　　按功能动设备一般可分为流体输送机械类、非均相分离机械类、搅拌与混合机械类、冷冻机械类、洁净与干燥设备等。例如：压缩机、离心机、鼓风机、泵、搅拌装置等。

3. 认识典型动设备

> 怎样将自来水送上高楼？怎样抽干某容器内的水？
>
> 液体从高处往低处移动，可以凭借自身的蓄压能。然而从低处提升到了高处，或由低压区送往高压区，就得依靠泵。

　　在生产过程中用于输送液体和流态化固体的动力设备称为泵。常用的泵的种类有：往复泵、离心泵、齿轮泵、真空泵等。

（1）往复泵

属于正位移泵，一般常在紧急锅炉给水、救火与舱底水及其他间歇使用。按往复元件不同又可分为：活塞泵、柱塞泵和隔膜泵等，如图3.6所示。

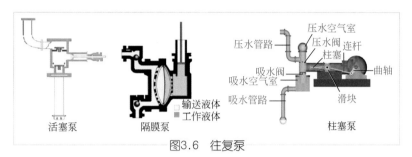

图3.6　往复泵

（2）离心泵

离心泵为目前工业上应用广泛的一种设备，几乎能够输送各种液体，如图3.7所示。

特点：运行效率高、维修简单、体积小、流量大、经济性能好、调节性能好等。

图3.7　离心泵

趣味活动

冰箱是如何保鲜的？

压缩机的工作原理是什么？

知识窗

家用空调

空调通电后，压缩机吸入制冷系统内制冷剂的低压蒸汽，并将其压缩为高压蒸汽后排至冷凝器。轴流风扇吸入室外空气流经冷凝器，带走制冷剂放出的热量，使高压制冷剂蒸汽凝结为高压液体；高压液体经过过滤器、节流机构后喷入蒸发器，并在相应的低压下蒸发，吸取周围的热量。同时贯流风扇使空气不断进入蒸发器的肋片间进行热交换，并将放热后变冷的空气送向室内。如此室内空气不断循环流动，达到降低温度的目的。

任务二　认识静设备

1. 掌握基本概念

静设备主要是指不含转动部件（机构）的设备。

2. 了解静设备的种类

静设备包括各种容器（槽、罐、釜等）、反应器、分离设备、塔器、换热设备、结晶设备、贮存设备、蒸发器、电解槽等。

3. 认识典型静设备

（1）化学反应器

反应器是化工生产的核心设备。

按反应器的几何形式可分为：管式反应器、塔式反应器、固定床和流化床反应器等。主要反应器见表3.4。

表3.4　主要反应器一览表

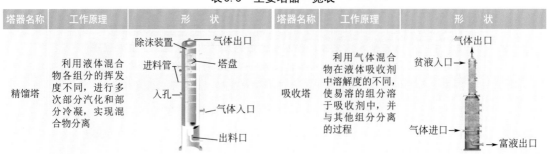

反应器类型	特点与应用	形状	反应器类型	特点与应用	形状
管式反应器	长径比大于10容易散热，适合加压反应。广泛应用于烃类热裂解、乙烯聚合等化工生产		床式反应器	流体（气体）通过静态催化剂颗粒（固体）进行反应的反应器　主要应用于气-固相催化反应过程	
塔式反应器	高径比较大　适用于气液相逆流操作反应			固体在反应器内处于流化状态　主要应用于气-固催化反应过程	

（2）塔设备

在化工生产过程中，塔设备是实现气相和液相或液相和液相之间的传质设备，很多的单元操作过程在此完成。

由于传质过程的种类不同，操作条件的差异，因此塔的结构类型和作用也大不相同。主要塔器见表3.5。

表3.5　主要塔器一览表

塔器名称	工作原理	形状	塔器名称	工作原理	形状
精馏塔	利用液体混合物各组分的挥发度不同，进行多次部分汽化和部分冷凝，实现混合物分离		吸收塔	利用气体混合物在液体吸收剂中溶解度的不同，使易溶的组分溶于吸收剂中，并与其他组分分离的过程	

（3）换热设备

日常生活中取暖用的暖气散热片、轮渡汽轮机装置中的凝汽器和航天火箭上的油冷却器等，都是换热器的广泛应用。

换热器是化工生产企业广泛应用的一种设备。通过此设备，可以进行热量传递，以保证工艺过程对介质所要求的特定温度，也是提高能源利用率的有效设备之一。

换热器按换热方式的不同可分为直接（混合）式、蓄热式和间壁式三类，见表3.6。

表3.6　主要换热器介绍

换热器名称	特点与作用	形　状	换热器名称	特点与作用	形　状
直接（混合）式换热器	冷、热两种流体直接接触、混合进行热量交换 气、液两壳体之间的换热，最常见的有凉水塔，气液混合式冷凝器等		间壁式换热器	冷、热两种流体被固体间壁隔开，并通过间壁进行热量交换 化工生产中应用最广，如管式换热器、板式换热器等	
蓄热式换热器	冷、热两种流体交替流经蓄热室中的蓄热体（一般为耐火砖）表面，从而进行热量交换 用于回收和利用高温废气的热量				

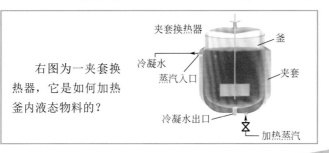

右图为一夹套换热器，它是如何加热釜内液态物料的？

知识窗

　　早期的换热器只能采用简单的结构，而且传热面积小、体积大和笨重，如蛇管式换热器等。

　　20世纪20年代出现板式换热器，并应用于食品工业。以板代管制成的换热器，结构紧凑，传热效果好，因此陆续发展为多种形式。20世纪30年代初，瑞典首次制成螺旋板换热器。接着英国用钎焊法制造出一种由铜及其合金材料制成的板翅式换热器，用于飞机发动机的散热。30年代末，瑞典又制造出第一台板壳式换热器，用于纸浆工厂。在此期间，为了解决强腐蚀性介质的换热问题，人们对新型材料制成的换热器开始注意。60年代左右，由于空间技术和尖端科学的迅速发展，迫切需要各种高效能紧凑型的换热器，再加上冲压、钎焊和密封等技术的发展，换热器制造工艺得到进一步完善，从而推动了紧凑型板面式换热器的蓬勃发展和广泛应用。此外，自60年代开始，为了适应高温和高压条件下的换热和节能的需要，典型的管壳式换热器也得到了进一步的发展。70年代中期，为了强化传热，在研究和发展热管的基础上又创制出热管式换热器。

4. 了解既动又静的设备

带搅拌器的反应釜，动的部分为搅拌器（包括电机/减速机），静的部分为反应釜（包括釜体/夹套/内盘管）。

釜式反应器是化工生产中应用最为广泛的一类反应器，大量用于气-液、液-液和液-固相反应过程。

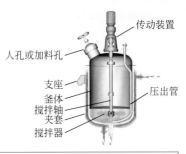

传动装置
人孔或加料孔
支座
釜体
搅拌轴
夹套
搅拌器
压出管

介质的化学反应，由_____提供符合反应条件要求的空间；质量传递通常在_____中完成；热量传递一般在_____中进行；能量转换由_____等装置承担。

项目小结

1. 设备的大致分类：动设备与静设备
2. 动设备——带有转动部件的工艺设备

   机泵、压缩机、搅拌器、成型机等。
3. 静设备——不含转动部件的工艺设备

   贮罐、换热设备、塔器等。
4. 既动又静的设备

   带有搅拌器的反应釜等。

分析与思考

1. 化工材料一般必须具备哪些性能？

2. 生活中常用的保鲜盒，用了一段时间会发现密封性大为下降，请分析原因所在。

3. 化工常用材料主要分为几类？请各举一例说明。

4. 什么是管路？为什么要强调管路的标准化？

5. 化工装置在开车之前为什么要进行气密性试验？

6. 请选择输送强腐蚀性物料的管子、农田灌溉的管子、生活中的排污管等类型，并说出原因所在。

7. 阀门的功能有哪些？自来水龙头选用了哪种阀门？

8. 请说出管件的功能和类型。

9. 请仔细观察生活和工作中的现象，说出两至三个管件及管路的连接实例。

10. 化工管路为何要进行保温？怎样进行管道保温？

11. 管道涂色的目的是什么？请列举几例颜色所表示的输送介质。

12. 何谓动设备？请举例说明化工生产中典型的动设备。

13. 何谓静设备？请举例说明化工生产中典型的静设备。

14. 按受压大小，可将贮存容器分为几类？

15. 请说出离心机、蒸发器、干燥器、结晶器等设备的作用。

16. 流体输送是实现化工生产的重要环节，必须根据被输送流体的性质和状况选择合适的管道。请问：醋酸的输送该采用何种材质的管道以确保安全？

单元四 识读化工图样

学习目标

- 学习制图基础知识
- 掌握绘图的基本能力
- 能够识读化工工艺流程图
- 能够识读化工设备图
- 能够识读化工管道图

项目一　具有化工识图的基本能力

（Basic Ability of Reading Chemical Engineering Drawings）

图纸是表达工程意愿最好的语言

要学会识读化工图纸，首先要了解化工图纸的分类，掌握制图的基本知识；理解三视图的形成和投影规律，并能熟练阅读和绘制三视图。在此基础上，才能进入化工图纸的"境地"。

任务一　了解化工图样的分类及作用

图样是工程技术上根据投影原理、标准或有关规定，准确地表达物体（包括生产装置、化工设备、管道和阀门等）的形状、大小、结构、布置及技术说明的文件。例如化工工艺流程图、仪表控制回路图和电器系统图等。

图4.1为一些化工图样的相关图形。

图4.1　相关图形
1—工艺流程；2—设备布置；3—管道绘制

由于图样是绘制、晒制或复印在专用纸上，因此，在工程上用图纸或蓝图来代替图样的称呼更为流行。

1. 了解化工图样的分类

（1）按基本建设的不同阶段，化工装置的图样可分为：

⬇ 初步设计图

⬇ 施工图

⬇ 竣工图

（2）按不同的专业，化工装置的图样可分为：

⬇ 总图

⬇ 工艺图

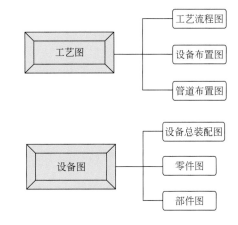

⬇ 设备图

⬇ 仪表图

⬇ 土建图、电气图、给排水图和采暖通风图等。

作为化工生产第一线的操作人员，在工作中接触最多的图样是工艺图和设备图。因此，具备识读这些图纸的基本技能，正确操作化工设备，才能维护装置的稳定运行，生产合格的化工产品。

2. 认识化工图样的作用

"没有图样就没有现代化学工业"。

图样是一种语言，是工程技术界用来交流技术思想、指导生产实际的特殊语言。化工装置的设计、施工、安装、运转和维修改造等环节离不开图样。图样的作用具体体现在：

（1）帮助人们清晰了解装置的流程和功能、设备的结构和特点。

（2）图样表达的某些信息比文字更简洁更清楚。

任务二　掌握制图标准的一般规定

图纸是工程技术界的"语言"，为了便于技术交流，必须有统一的规定。

1. 认识标准及标准组成

（1）标准（说明书）

一种技术说明或类似的文档，它包含公认的技术规则。

标准是所有人都可以获得并且是在得到不同的相关组织完全认可的基础上发展和建立起来的。标准在使用时没有强制性，但与法规结合起来就有可能具有强制性质。

图纸中的统一规定由国家制订相关标准并颁布实施。

例如，国家标准（简称国标）《技术制图　图线》（17450—1998、GB/T 1525—2006等）。

（2）标准的组成

标准由标准名称、标准代号、标准编号和标准颁布年号等组成。

例如国家标准：

《基本识别色、识别符号和安全标识》GB 7231—2003

- 标准颁布年号
- 标准编号
- 国家标准（简称国标）代号
- 标准名称

除国家标准外，还有行业、企业标准和设计院标准等，例如企业标准：

《工业管道的基本识别色、识别符号和安全标识》Q/SH 3045 201—2006

- 标准颁布年号
- 标准编号
- 中国石化上海石油化工股份有限公司企业标准
- 标准名称

2. 掌握制图的一般规定

（1）图纸幅面与格式

便于图样的绘制、使用和保管。

↓ 幅面（单位：mm）

幅面代号	A0	A1	A2	A3	A4	A5
B×L	841×1189	594×841	420×594	297×420	210×297	148×210

图纸幅面的大小有6种，以A0、A1、A2、A3、A4、A5为其代号，将A0幅面对折裁开为A1幅面的图纸，其余各种图纸幅面都依次为对开关系。

↓ 图框

对各种幅面的图纸来说，图框线均用粗实线绘制。

↓ 标题栏

标题栏一般绘制在图框线的右下角，它的右边和底边与图框线重合，其内部分格线均用细实线绘制。

标题栏的格式，见国家标准（GB 10609.1—1989）。

例如：

			比例	材料
			1:5	
制图		贮罐φ1400 V_N=3m³ 装配图	质量	
设计				
描图			共1张	
审核			第1张	

职责	签字	日期		设计项目		
设计			××××× 物料流程图	设计阶段		
制图				图号		
校对						
审核				比例	第 张共 张	

（2）绘图比例

比例是图样中图形与实物相应要素的线性尺寸之比。

↓ 原值比例

即1:1的比例，可以直接反映实物的大小。

↓ 选用比例

绘制图样时，可放大或缩小实物。此时应采用GB/T 14690—1993规定的比例绘制，每张图样都要注出所绘图形采用的比例大小。

种 类	比 例
原值比例	1:1
放大比例	5:1 2:1 $5×10^n:1$ $2×10^n:1$ $1×10^n:1$
缩小比例	1:2 1:5 1:10 $1:2×10^n$ $1:5×10^n$ $1:1×10^n$

注意：

➤ *n* 为正整数；

➤ 不论采用何种比例，图形上所标注的尺寸数值必须是实物的实际大小，而与图形的比例无关。

（3）字体

🔸 基本要求

GB/T 14691—1993规定，在图样中书写的汉字、数字和字母，要尽量做到"字体工整、笔画清楚、间隔均匀、排列整齐"。

🔸 书写要领

➤ 汉字应写成长仿宋体字，并采用国家正式公布推行的简化字，"横平竖直、注意起落、结构匀称、填满方格"。

➤ 字母和数字可写成斜体或直体，斜体字字头向右倾斜，与水平线成75°。

注意：同一张图样，只允许使用同一种形式的字体等。

 案例欣赏 :－) 图样字体示例

> 字体工整　笔画清楚　间隔均匀　排列整齐
>
> ABCDEFG　　　　　abcdefg
>
> 　　　　　　　　　　　　123456
>
> chemical　　　识读化工图样
>
> 横平竖直　注意起落　结构匀称　填满方格

（4）图线表示

图形是由各种不同粗细和型式的图线构成的，化工图样中常用的图线如表4.1所示：

表4.1　化工图样中的图线表示

图线名称	线　型	应用举例
粗实线	——————————	主要物料的工艺流程线
中粗实线	——————————	辅助物料流程线
细实线	——————————	设备轮廓线
细点画线	— · — · — · —	轴线　对称中心线
细虚线	- - - - - - - - - - -	控制回路
波浪线	∿∿∿	视图和剖视的分界线

注：设备布置图中，设备轮廓线采用的是粗实线。

（5）尺寸注法

🔸 实物的真实大小应以图样上所注的尺寸数值为依据，与图形的大小及绘图的准确度无关。

🔸 图样中（包括技术要求和其他说明）的尺寸，一般以mm为单位时，不需标注计量单位的代号或名称，如采用其他单位，则必须注明相应的计量单位代号或名称。

🔸 实物的尺寸一般只标注一次，并应标注在反映该结构最清晰的图形上。

完整的尺寸注法应包括尺寸界线、尺寸线（含箭头或斜线）和尺寸数字三个基本要素，如图4.2所示。

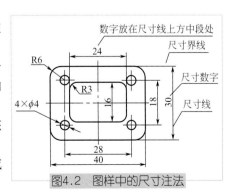

图4.2　图样中的尺寸注法

任务三　掌握正投影及其基本性质

1. 了解投影的基础知识

日常生活中，物体受到阳光或灯光的照射，就会在地面或墙壁或其他地方出现自己的影子，并或多或少反映出物体本身的某些形状特征，这就是所谓的投影现象。

（1）投影

⚓ 投影线：从光源（日光或灯光）发出并照射物体的线条。

⚓ 投影面：得到图形（承受影子）的平面（地面或墙面）。

⚓ 投影法：投射线通过物体，朝选定的面投射并在该面上得到图形的方法。

⚓ 投影图：投影面上的图形，简称投影。

（2）投影的分类

⚓ 中心投影法：全部的投射线从投影中心发出的投影法。

中心投影法得到的投影称为中心投影。

图4.3为中心投影线与投影面示意图。

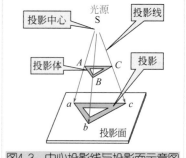

图4.3　中心投影线与投影面示意图

⚓ 平行投影法：将投影中心放在无穷远处，投影线相互平行，得出反映被投物体的真实形状和大小的投影方法。

平行投影法得到的投影称为平行投影。

平行投影法分类见图4.4。

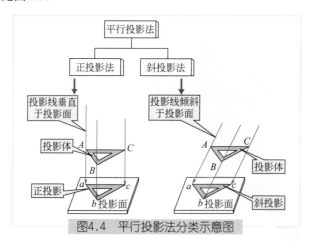

图4.4　平行投影法分类示意图

2. 掌握正投影及其基本性质

正投影：投影线互相平行且垂直于投影面的投影。

（1）投影线与投影面

正投影示意图见图4.5。

（2）正投影的基本性质

正投影法反映了线、平面和投影面之间的相对位置及投影结构，具有以下几点性质：

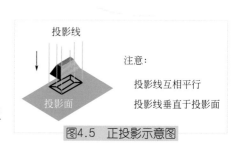

图4.5　正投影示意图

⬇ 真实性

当直线平行于投影面时，其投影反映直线的实长。

当平面平行于投影面时，其投影反映平面的实形。

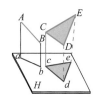

⬇ 类似性

当直线倾斜于投影面时，其投影为一条缩短了的直线。

当平面倾斜于投影面时，其投影图线与原平面相类似，但面积缩小了。

⬇ 积聚性

当直线垂直于投影面时，其投影积聚成一个点。

当平面垂直于投影面时，其投影积聚成一条直线。

⬇ 重叠性

两个或两个以上的点→叠合成一个点。

两条或两条以上的直线→叠合成一条直线。

两个或两个以上的平面→叠合成一个平面。

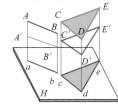

注意：管道布置平面图上常把处于同一立面上的两条或两条以上且平行于水平面的管道画成一根管道的投影，此即投影面重叠性的应用。

任务四　熟练阅读和绘制投影图

1. 了解三面投影体系

在正投影中，只有一个视图是不能确定物体的形状和大小的，下面三个物体的形状虽然不一样，但是它们的某些尺寸相同，所以在某一个投影面上的投影完全一样。

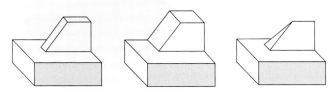

因此，正投影的一个视图是不能全面、准确地反映出某物体的形状和大小的，必须用三面投影体系建构三视图来反映物体的实际形状和结构。

（1）投影面（三个投影面相互垂直）

正立投影面（正面）：V面

水平投影面（水平面）：H面

侧立投影面（侧面）：W面

（2）投影轴（投影面与投影面的交线）

V面和H面的交线：OX轴

H面和W面的交线：OY轴

V面和W面的交线：OZ轴

（3）原点O：三条投影轴的交点

三面投影体系见图4.6。

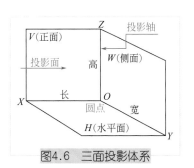

图4.6　三面投影体系

2. 熟悉三视图

将物体放在三面投影体系中，物体的底面与水平面（H面）平行，前面与正面（V面）平行，采用正投影法分别向三个投影面投影就得到它的三视图。

（1）三视图的内容

（2）三视图的展开

三视图的展示如图4.7所示。

⬇ V面保持不动；

⬇ H面和W面沿OY轴分开；

（见H'面和W'面）

⬇ H面绕OX轴向下旋转90°；

⬇ W面绕OZ轴向右旋转90°；

⬇ V面、H面、W面平铺在同一个平面上，得到物体的三视图。

（3）三视图之间的关系

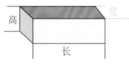

主视图	俯视图	左视图
由前向后投影得到的视图，即在正投影面(V面)上得到的投影。 在化工图样中又称为立面图。	由上向下投影所得的视图，即在水平投影面(H面)上得到的投影。 在化工图样中又称为平面图。	由左向右投影得到的视图，即在侧投影面(W面)上得到的投影。 在化工图样中又称为侧视图。

三视图

图4.7 三视图的展开示意图

⬇ 方位尺寸

物体一般有上下、前后、左右六个方位。

当物体摆在观察者眼前时，离观察者近的是物体的前面，远的是物体的后面，同时上下与左右的方位也确定下来。规定：

物体左右之间的尺寸称为"长"；

物体前后之间的尺寸称为"宽"；

物体上下之间的尺寸称为"高"。

⬇ 投影规律

每个视图反映了物体两个方向的尺寸：

主视图反映了形体的上下和左右关系，即长和高方向的尺寸；

俯视图反映了形体的前后和左右关系，即长和宽方向的尺寸；

左视图反映了形体的上下和前后关系，即高和宽方向的尺寸。

⬇ 三等规律

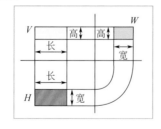

三等规律

等长：主视图、俯视图长对正

等高：主视图、左视图高平齐

等宽：俯视图、左视图宽相等

（4）绘制原则

⬇ 摆正物体；

⬇ 选定主视图方向，绘出定位线；

⬇ 在物体上量取绘图尺寸大小；

🔸 按照投影特性和"三等"规律绘制三个视图；

🔸 处理线条，完成三视图。

案例
欣赏

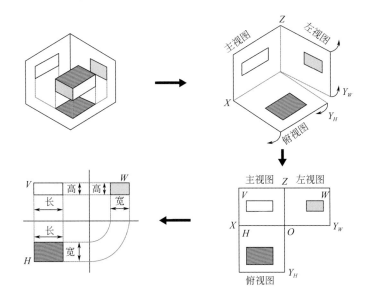

趣味活动

1. 去学校的实训中心或生产企业参观，选择一个机器零部件进行三视图的绘制。

2. 请根据下面的图纸，完成看视图找实物的活动。

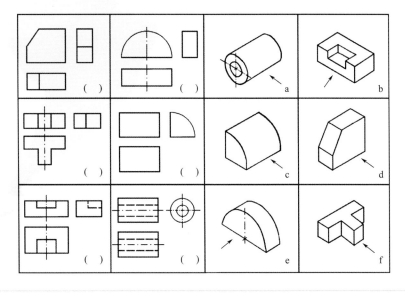

项目小结

1. 化工图样的分类及作用
2. 制图必须遵循国家标准及相关标准
3. 正投影及其基本性质
   ○ 正投影及投影面
   ○ 正投影的基本性质
4. 三视图及"三等规律"
5. 三视图的绘制步骤

项目二 识读化工工艺流程图

（Reading Chemical Engineering Process Drawings）

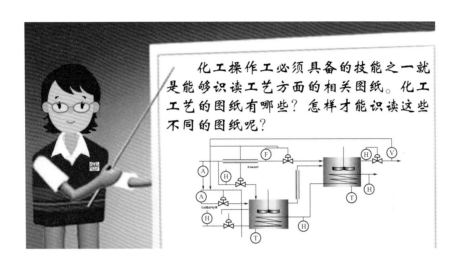

任务一 了解化工工艺流程图的种类

化工工艺图纸：表达化工生产过程及其设备、管道之间联系和生产工艺流程的图样。

绘图：将空间的"物" ⟹ 平面的"图"

识图：将平面的"图" ⟹ 空间的"物"

1. 理解识读图纸的重要性

（1）方便施工

（2）看懂流程（主物料、水、电、气等的走向）

（3）掌握设备（结构、安装、维护等）

（4）技术改造

2. 了解化工工艺图纸的分类

化工工艺图纸包括化工工艺流程图、设备布置图、管道布置图等。

化工工艺图纸既是化工技术人员进行工艺设计和基本建设的依据，也是指导生产、维护检修和技术改造的重要技术文件。

（1）工艺流程图

工艺流程图是一组表示化工生产过程、凸显工艺流程性质的图样。

工艺流程图有若干种类，虽然涵盖内容、重点要点、深度广度等不一样，但都可以用来表达化工生产过程，都是从左到右展开流程并辅以必要标注和说明的图形。主要包括工艺流程示意图、工艺流程图（PFD）和带控制点工艺流程图（PID）。

（2）设备布置图

表示厂房内、外设备确切位置的图样称为设备布置图。

设备布置图主要是解决设备与建筑物结构的关系、设备之间的定位问题。反映了两方面内容：

⬇ 厂房建筑图的信息；

⬇ 与化工设备布置有关的信息。

（3）管道布置图

以相关图样和资料为依据，在设备布置图上添加管道及附件、自控仪表、电器等的图形或标记构成的图样为管道布置图。

管道布置图表示的主要内容：管道、管件、阀门、控制点、支架等。

任务二　绘制工艺流程示意图

1. 掌握工艺流程示意图的内容和特点

工艺流程示意图又称原则性流程图、工艺方案流程图等，它是按照工艺流程顺序概括表达一个化工生产车间（装置）或一个工段（单元）生产过程的图样。

一般分为两类：流程简图和方框图。

某企业醋酸乙烯酯合成装置的工艺流程简图如图4.8所示。

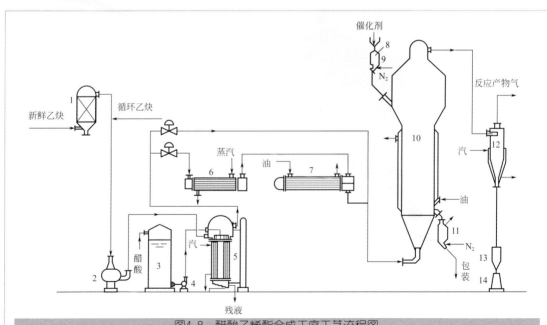

图4.8　醋酸乙烯酯合成工序工艺流程图

1—吸附槽；2—乙炔鼓风机；3—醋酸贮槽；4—醋酸加料泵；5—醋酸蒸发器；6—第一预热器；7—第二预热器；8—催化剂加入器；9—催化剂加入槽；10—流化床反应器；11—催化剂取出槽；12—粉末分离器；13—粉末受槽；14—粉末取出槽

（1）内容

🔻 图形：生产中主要设备的示意图和表明原料变为产品的流程线及流动方向。

🔻 标注：设备的名称、位号和物料的名称、来源及去向。

（2）特点

设备外形可以不按比例画出，或用符号来表示（如换热器），甚至可用方块来表示设备，即所谓方块流程图，见图4.9。

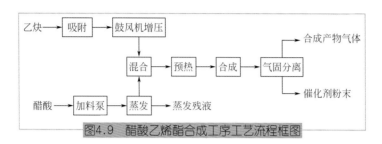

图4.9 醋酸乙烯酯合成工序工艺流程框图

🔻 次要设备（如输送泵、回流罐、中间贮罐）、备用设备和阀门可以省略。图框和设备一览表也可省略。

🔻 标题栏简化为标题。

2. 绘制工艺流程示意图

工艺流程示意图是一种示意性的展开图，即按照工艺流程的顺序，将设备和工艺流程线自左向右地展开在同一平面上，并加以必要的标注与说明。

（1）设备

用细实线表示（常用0.3mm左右的线条绘制）。

🔻 表示设备的大致轮廓线或符号用。

一般不按设备的实际比例，但要保持它们的相对大小。

🔻 各设备进出口位置大致符合实际情况。

🔻 将设备依次编号。

（2）物料流程

用粗实线表示（常用0.9mm左右的线条绘制）。

🔻 表示主要物料的工艺流程线，物料流向用箭头表明。

流程线呈水平或垂直，转弯时则成直角。

🔻 流程线之间或流程线与设备之间发生交错而实际不相连时，其中的一条则断开或弯折绕过。

（3）其他辅助物料流程（如水、蒸汽等）

🔻 示意图中一般不显示。

🔻 或用中实线表示（常用0.6mm左右的线条绘制）。

（4）文字标注

🔻 设备的标注。

在流程图的上方、下方或靠近图形的显著位置列出设备的位号及名称。

对于流程简单，设备较少的工艺流程示意图，设备可以不编号，而将设备名称直接标注在设备图形上，如图4.8所示。

🔻 流程线的标注。

在流程线的起始和终了的位置注明物料的名称、来源和去向。

如图4.8所示： 物料来源→新鲜乙炔

物料去向→反应产物气

去相关企业参观
绘制工艺流程示意图

任务三　识读物料流程图（PFD）

1. 了解物料流程图（PFD）的内容

物料流程图是以生产装置为单位，以图形、符号、表格和数据相结合的形式来反映工艺、设备和自控等专业信息的图样。

以苯乙烯粗馏塔的PFD为例，见图4.10。

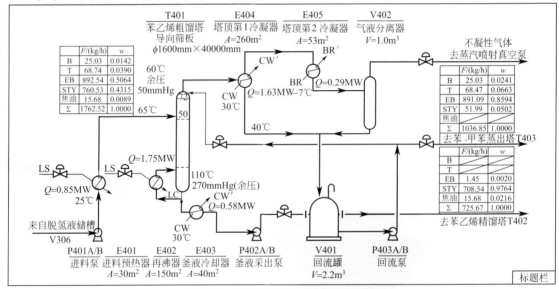

图4.10　苯乙烯粗馏工段物料流程图

B—苯；CW—循环冷却水上水；A—传热面积；V—容积；T—甲苯；CW′—循环冷却水回水；Q—热负荷；EB—乙苯；
BR—盐水上水；LS—低压蒸汽；F—流量；STY—苯乙烯；BR′—盐水回水；LC—低压凝水；w—质量分数

（1）图形

各类设备的图例可参阅表4.2。

表4.2　设备图例一览表

设备、机器类别	代　号	图　例				
容器（槽、罐）	V	卧式槽	立式贮罐	桶	球罐	贮液罐 / 澄清池
塔	T	冷却塔	反应塔	泡罩塔	造粒塔	筛板塔

续表

设备、机器类别	代　号	图　例
反应器	R	管式反应器　　聚合釜　　固定床反应器
泵	P	离心泵　　直列泵　　往复式泵　　离心风机　　压缩风机
其他设备		搅拌机　过滤器　离心机　干燥机　捏合机　旋风分离器　冷凝器

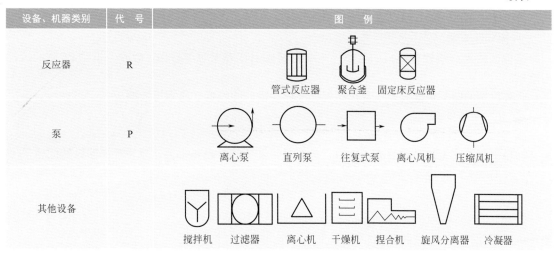

注意：图形中的线条则是"各司其主"。

细实线：表示流程中的设备图形

粗实线：表示主要物料的流程

箭头：表示物料的流向

中粗实线：表示辅助物料（包括公用工程）流程

（2）标注

⬇ 设备的标注

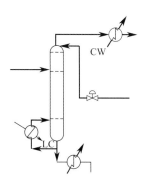

水平线上方表明设备位号

设备位号由设备分类代号、工段（单元）序号、设备序号、相同设备序号所组成。

$\dfrac{\text{P401A/B}}{\text{进料泵}}$ ← 水平线

水平线下方表明设备名称

➤ 设备名称和位号应标注在图纸的上方、下方或靠近图形的显著位置（引出线可以省去）。

➤ 通常在有些设备名称下方尚需标注有关特性数据，例如：

① 塔设备

常要标注塔高、内径、塔板数、进料板位置以及塔顶温度、压力等数据，例如：

$$\frac{\text{T401}}{\begin{array}{c}\text{苯乙烯初馏塔}\\\text{导向筛板}\\\phi 1600mm \times 40000mm\end{array}}$$

② 换热器

常要标注换热面积和换热量的大小。例如：$\dfrac{\text{E405}}{\begin{array}{c}\text{塔顶第2冷凝器}\\A = 53m^2\end{array}}$ $Q=0.29MW$。

③ 容器

常要注明公称容积等。例如 $\dfrac{\text{V401}}{\begin{array}{c}\text{回流罐}\\V = 2.2m^3\end{array}}$

⬥ 流程线的标注

➤ 流程线始端 来自脱氯液贮槽 ⟶

➤ 流程线末端 去苯乙烯精馏塔

流程线始末两端标有物料的名称、主要物料还需标有来源与方向，以便与其他PF图的流程相衔接。

此外，有的图纸根据需要还会在流程线上标注物料的温度、压力等数据。

⬥ 相关数据的标注

➤ 物料平衡数据

物料平衡数据是PFD最重要的内容，是热量平衡计算、设备工艺计算和管径计算的依据。

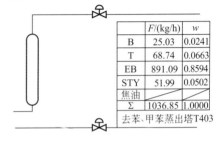

一般情况下，物料平衡数据以表格的形式借助引出线标注在流程线附近

	$F/(kg/h)$	w
B	25.03	0.0241
T	68.74	0.0663
EB	891.09	0.8594
STY	51.99	0.0502
焦油		
Σ	1036.85	1.0000

去苯、甲苯蒸出塔T403

➤ 热量平衡数据

热量平衡数据（热负荷Q值）通常标注在有关设备（如换热器、加热炉）的位号附近

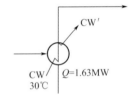

CW'

CW
30℃ Q=1.63MW

（3）各种符号、代号的说明及图例

物料代号及物料名称说明见表4.3。

表4.3 工艺流程图上的物料代号一览表

物料代号	物料名称	物料代号	物料名称
A	空气	S	蒸汽
IA	仪表空气	HS	高压蒸汽
PA	工艺空气	MS	中压蒸汽
B	苯	LS	低压蒸汽
F	火炬排放气	SC	蒸汽冷凝水
FG	燃料气	SO	密封油
FO	燃料油	W	水
H	氢	CW	循环冷却水上水
HM	载热体	CW (HW)	循环冷却水回水
N	氮	DW	饮用水
NG	天然气	RW	原水
O	氧	SW	软水
PG	工业气体	PL	工业液体
R	冷冻剂	TS	伴热蒸汽
RO	原料油	VE	真空排放气

（4）图框和标题栏

♦ 图框：

♦ 标题栏：注明图名、图号、设计阶段、设计人员及审核人员等内容。

职责	签字	日期	××××××	设计项目	
设计				设计阶段	
制图			工艺流程图	图号	
校对					
审核				比例	第　张共　张

2. 认识物料流程图（PFD）的特点

（1）按照工艺流程顺序，自左至右展开；

（2）设备以示意的图形或符号表示，无需按照实际比例绘制；

（3）流程中所有的设备均只绘出一台，备用设备可在设备位号中加以标明；

（4）用指引线从流程引出表格以表示物料经过设备时产生的变化；

♦ 物料变化前后各组分的名称；

♦ 温度、压力、流量、质量分数或摩尔分数等参数的变化情况；

♦ 反应物、半成品、成品之间的关系。

（5）换热器的图形可以简化为符号表示；

（6）流程线上的阀门不必表示（调节阀除外）；

（7）图面布置灵活多样。

例如：当物料组分复杂且变化多端，用引出线列表困难时，可在流程图下方自左至右按流程顺序逐一列表表示。同时，编制序号以备在相应的流程中按"号"查询。

3. 掌握识读技能

（1）识读要求

♦ 熟悉工艺流程、生产原理；

♦ 了解系统的物料衡算和热量衡算情况；

♦ 掌握图中主要设备在生产中的作用等相关信息；

♦ 熟悉图中各种图例和标注的含义。

（2）识读步骤

♦ 概括了解

➢ 标题栏信息；

➢ 结合相关资料（符号、代号等），按照流程顺序浏览图纸；

➢ 熟悉工艺流程。

♦ 工艺流程分析

➢ 认识主要设备；

➢ 了解物料平衡；

➢ 了解热量平衡。

♦ 归纳总结

4. 识读脱丁烷装置PFD

脱丁烷塔物料流程图（PFD）见图4.11。

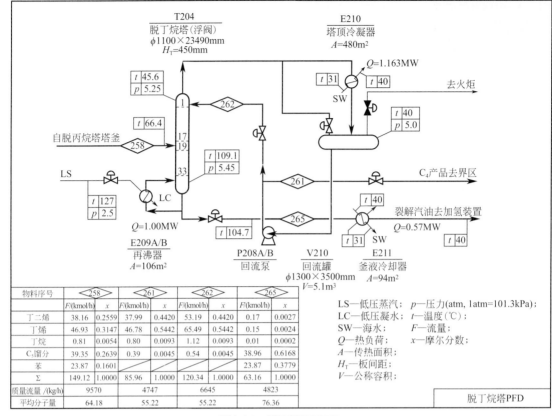

物料序号	<258		<261		<262		<265	
	F/(kmol/h)	x	F/(kmol/h)	x	F/(kmol/h)	x	F/(kmol/h)	x
丁二烯	38.16	0.2559	37.99	0.4420	53.19	0.4420	0.17	0.0027
丁烯	46.93	0.3147	46.78	0.5442	65.49	0.5442	0.15	0.0024
丁烷	0.81	0.0054	0.80	0.0093	1.12	0.0093	0.01	0.0002
C_5留分	39.35	0.2639	0.39	0.0045	0.54	0.0045	38.96	0.6168
苯	23.87	0.1601					23.87	0.3779
Σ	149.12	1.0000	85.96	1.0000	120.34	1.0000	63.16	1.0000
质量流量/(kg/h)	9570		4747		6645		4823	
平均分子量	64.18		55.22		55.22		76.36	

LS—低压蒸汽; p—压力(atm, 1atm=101.3kPa);
LC—低压凝水; t—温度(℃);
SW—海水; F—流量;
Q—热负荷; x—摩尔分数;
A—传热面积;
H_T—板间距;
V—公称容积;

脱丁烷塔PFD

图4.11 脱丁烷塔PFD

（1）熟悉工艺流程

原料：来自脱丙烷塔塔釜。

产品：塔顶产品（C_4组分）；

塔釜产品（裂解汽油）。

流程描述：来自脱丙烷塔塔釜的原料送入脱丁烷塔（精馏塔）T204的第19块塔板，经塔釜再沸器E209A/B提供热量进行物料分离。

塔顶蒸气经塔顶冷凝器E210冷凝后进入回流罐V210，兵分两路：一路经回流泵P208A/B送入塔顶回流，另一路作为C_4产品送界区。塔釜得到的裂解汽油经冷却器E211冷却后送裂解汽油加氢装置。

（2）工艺流程分析

🔻 工艺目的

脱除C_4组分。

🔻 主要设备

脱丁烷塔。内径1100 mm，总高23490 mm，塔内共有33块浮阀塔板，板间距为450mm。

🔻 物料平衡

由物料平衡数据知，脱丁烷塔的总物料已达到平衡，即$F=D+W$，其中查得$F=149.12$kmol/h，$D=85.96$kmol/h，$W=63.16$kmol/h。此外，脱丁烷塔中各个组分也达到平衡，即$F_i=D_i+W_i$，请根据相关数据进行求证。

（3）图纸识读小结

🔻 图纸性质

呈现了裂解气前脱丙烷分离方案中的一个精馏系统。

描述了将原料（已脱去C_3以及下轻组分的裂解气）通过精馏操作脱除C_4组分（包括丁二烯、丁烯和丁烷）并在塔釜得到裂解汽油的过程。

📥 所需设备

精馏塔1台、换热器4台（含备用1台）、贮罐1台。

> 去化工生产企业参观，根据生产实际识读PFD。

任务四 识读带控制点的工艺流程图（PID）

1. 了解带控制点工艺流程图（PID）的内容

PID即带控制点工艺流程图，又称工艺管道及仪表流程图。PID是在工艺流程示意图的基础上绘制、内容较为详细的一种工艺流程图，详细表达了装置的生产过程，是生产操作的重要技术资料。

（1）图形及标注

📥 设备的图形及标注

➤ 图形

图4.12为某精馏装置带有控制点的工艺流程图（局部）。

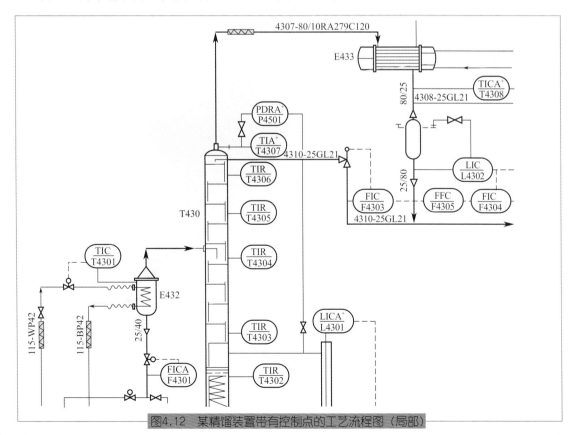

图4.12 某精馏装置带有控制点的工艺流程图（局部）

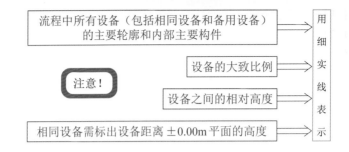

> ➤ 标注
>
> 标注同 PFD 要求。
>
> 工艺流程图上的设备图例，见表 4.2。
>
> ⬇ 管路（简称管线）的图形及标注
>
> ➤ 管路的图例
>
> PID 中大量纵横交错的管道流程线用以连接设备。
>
> 不同流体、不同情况下，管线的表示方法各异，见表 4.4。

表 4.4　工艺流程图中管路的图例

名　称	图　例	名　称	图　例
主要物料管路	————————b	电伴热管路	
辅助物料管路	————————1/2b	夹套管	
仪表管路	— — — — — —1/3b	可拆短管	
蒸汽伴热管路	— — — — — —	柔性管	

➤ 管路的相关标注

① 流体的流动方向用箭头来表示：⟶

② 对于与其他 PID 衔接的管线，通常在一张图纸的始末两端如下表示：

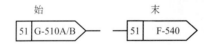

③ 每条管线上都标有管道组合号，它包括管段号、管径、管道等级和隔热代号。

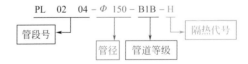

管段号：由物料代号、工段号（单元号）和管道分段序号组成。

管径：通常标注公称直径。

公制管径以 mm 为单位，如 100（单位省略）；英制管径以英寸为单位。

管道等级：每套化工装置的管道等级所采用的代号不尽相同，要认真查阅相关资料方可读图；对于工艺流程简单、管道品种不多时，管道组合号中的压力等级可以省略。

此时的公制管径可标注外径和壁厚，例如 $\phi 114 \times 4$。

⬇ 阀门及管件的图形及标注

化工生产中要使用各种阀门与管件，以连接管道并实现对管道内的流体进行开关、控制、止回、疏水和泄压等功能。

常用阀门与管件，其图形符号见表4.5。

表4.5 管件、阀门图例

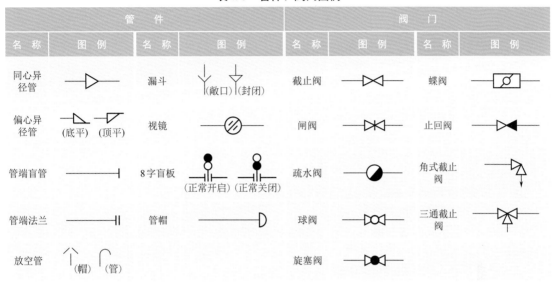

管　件		管　件		阀　门		阀　门	
名　称	图　例	名　称	图　例	名　称	图　例	名　称	图　例
同心异径管		漏斗	(敞口)　(封闭)	截止阀		蝶阀	
偏心异径管	(底平)　(顶平)	视镜		闸阀		止回阀	
管端盲管		8字盲板	(正常开启)(正常关闭)	疏水阀		角式截止阀	
管端法兰		管帽		球阀		三通截止阀	
放空管	(帽)　(管)			旋塞阀			

⬇ 仪表控制点的图形及标注

仪表控制点指对流经管道和设备的物料进行温度、压力、流量、液位等参数的测量，并呈现显示、记录、控制、报警或连锁等相关功能的位置。

在PID中，仪表控制点用细实线在相应的管道上用符号画出。

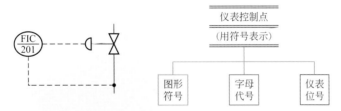

仪表控制点的图形及标注由三部分组成：图形符号、字母代号和仪表位号，三者组合起来表示了仪表处理的被测变量和功能，或者表示仪表、设备、元件、管线的名称。

➤ 图形符号

细实线圆圈，直径约10mm：◯。表4.6列有仪表安装位置的图形符号。

表4.6 仪表安装位置的图形符号（摘自HGJ7—87）

序　号	安装位置	图形符号	备　注	序　号	安装位置	图形符号	备　注
1	就地安装	◯		3	就地仪表盘面安装	⊖	
			嵌在管道中	4	集中仪表盘后安装	⊝	
2	集中仪表盘面安装	⊖	仪表安装在中央控制室	5	就地仪表盘后安装	⊜	

➤ 字母代号：表示被测变量和仪表功能。表4.7列有过程控制系统测量、控制符号及代号。

表4.7　过程控制系统测量、控制符号及代号

代　号	第一组：测量与输入单元		第二组：过程	代　号	第一组：测量与输入单元		第二组：过程
	第一个字母	追加字母	后面的字母		第一个字母	追加字母	后面的字母
A	分析		限制信号、警报	Q	热量	合计	
C			控制	R			记录
D	密度	差异		S			开关或联锁
E	电子单元		传感作用	T	温度		信号转换器
F	流量	协调		V			作用控制阀
I	电流		指示、信息	W	重量、质量		
L	水平（物位）			+			上限
P	压力			-			下限

  表示的意思？

➤ 仪表位号：由英文字母与阿拉伯数字组成。
第一位英文字母表示被测变量；
后继英文字母表示仪表功能；
阿拉伯数字表示装置号和仪表序号。

F：流量

FICA⁺ / 303

I、C、A⁺：指示、控制、高位报警

303：第三装置、序号为03

（2）各种符号、代号的说明及图例

⬇ 物流代号及来龙去脉（有的符号、代号说明及图例可另成附表）；

⬇ 管段编号及管道规格；

⬇ 仪表控制参数及控制功能、控制点代号；

⬇ 安装部位等必要尺寸。

注意：国外引进原版图纸上的英文符号及相关信息，其翻译资料可另成附表。

（3）图框和标题栏

2. 了解带控制点工艺流程图（PID）的特点及表示方法

（1）特点

⬇ 呈现所有的生产设备和全部管道（包括辅助管道、管件等）以及各种阀门的信息。

⬇ 带有仪器控制点，每套化工装置的PID其表示方法可能各具特色。

（2）表示方法

⬇ 按工艺流程顺序自左至右展开图的形式；

⬇ 用细实线绘出设备的图形；

⬇ 用中实线绘出公用工程管线；

⬇ 用粗实线绘出工艺物料管线；

⬇ 用箭头表示物料的流向等；

⬇ 有必要的标注和说明等。

3. 掌握识读技能

（1）识读要求

⬇ 熟悉物料（包括公用工程系统）的工艺流程、生产原理和仪表控制方案；

⬇ 了解设备、阀门（包括管件）、仪表控制点的作用；

⬇ 了解管线的作用及管径、材质等具体要求。

（2）识读步骤

⬇ 概括了解

➤ 熟悉本图的符号、代号说明及图例；

➤ 按流程顺序浏览图纸；

➤ 熟悉主要物料、辅助物料（包括公用工程系统）的工艺流程。

⬇ 工艺流程分析

➤ 设备的数量、名称和位号；

➤ 管线情况；

➤ 阀门和管件情况；

➤ 仪表控制方案。

⬇ 归纳总结

掌握图纸表示的某工段（单元）物料的工艺流程、生产设备、管线与管件及仪表控制点等相关信息，并指出关键设备和主要的仪表控制点。

趣味活动

1. 识读图4.13某职业学校化工实训装置PID
具体要求：（1）小组讨论
　　　　　　（2）小组展示
　　　　　　（3）分析评价
　　　　　　（4）师生总结
2. 现场参观，根据企业生产实际识读PID

项目小结

1. 化工工艺图纸的种类
2. 化工工艺流程图
○ 示意图
○ PFD
○ PID
3. 工艺流程示意图
○ 内容和特点
○ 识读步骤
○ 学会绘制
4. 物料流程图（PFD）
○ 内容和特点
○ 识读步骤
5. 带控制点工艺流程图（PID）
○ 内容和特点
○ 识读步骤

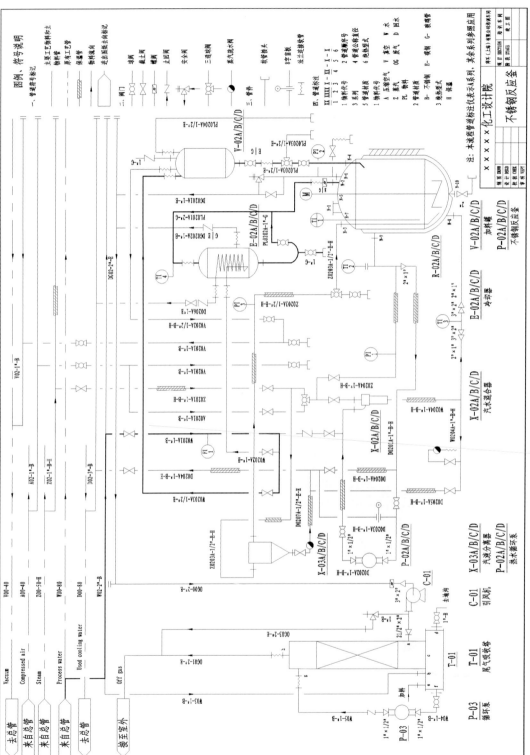

图4.13 某职业学校化工实训装置PID

项目三　识读化工管道图

（Reading Chemical pipeline drawings）

化工装置上的管道纵横交替、阀门成百上千，化工操作工如何认识并熟悉它们呢？

任务一　识读管道单线图

管道也称为管路，是输送化工介质的通道，主要由管子、管件和附件等组成。在现代化工生产中，管道如同人体的血脉，连接着生产装置中的全部设备，保证了生产流程的安全畅通。

任何一种化工产品的生产都需要必要的化工设备及其连接这些设备的管道来实现。管道是现代化工制造业的一个重要组成部分：化工物料的输送、公用工程的供给、化工产品的生产与贮存等，管道的作用当仁不让。

新疆克拉玛依油田的输油管道

1. 理解管道投影知识

管道工程采用的投影面有四个，即水平投影面、正立投影面、左侧立投影面和右侧立投影面。在四个投影面中，水平、正立、左侧立、右侧立投影面互相垂直，如图4.14所示。

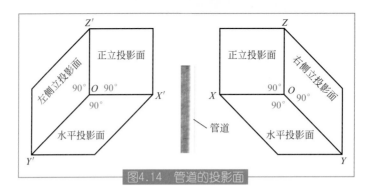

图4.14 管道的投影面

投影时采用正投影法，对相应的投影面进行投影。

🔸 正立面图（主视图）

将管道从前向后进行正立投影面投影得到的图形。

🔸 平面图（俯视图）

将管道从上向下进行水平投影面投影得到的图形。

将平面图绕 OX 轴向下旋转 $90°$，位于正立面图的正下方。

🔸 左侧立面图（左视图）

将管道从左向右进行右侧立投影面投影得到的图形。

将左侧立面图绕 OZ 轴向右后方旋转 $90°$，位于正立面图的右侧。

🔸 右侧立面图（右视图）

将管道从右向左进行左侧立投影面投影得到的图形。

将右侧立面图绕 OZ 轴向左后方旋转 $90°$，位于正立面图的左侧。

2. 熟悉管道的表示方法

在表达管道信息的相关图样中，有单线图和双线图之分。

用单根粗实线表示管子和管件形状的图样，称为单线图。

用双线（中实线）表示管子和管件形状的图样，称为双线图。

一般情况下，若管子的截面尺寸比管子的长度尺寸小很多，常选择利用单根粗实线管子与管件的形状，即单线图。单线图图纸简单明了，施工人员读图容易，本书主要讨论管道的单线图。

短管的单线图 短管的双线图

3. 识读管道的单线图

🔸 管子单线图

正立面投影：单根粗实线。

平面投影：本应为一圆点，为便于识别，则在小圆点外加画一圆即可。见图4.15。

图4.15 管子的单线图

🔸 弯头单线图

正立面投影：两根管子相接，成 $90°$ 直角。

平面投影：先看到立管端口，其投影为带有圆点的小圆；再看到横管，其投影为小圆边上一实线。

左侧立面投影：先看到立管，其投影为一实线；横管的断口在背面看不见，其投影为一小圆；用来表示立管的实线应画到小圆的圆心。

见图4.16。

图4.16 弯头的单线图

三通单线图

三通单线图如图4.17所示。

四通单线图

如图4.18所示为同径四通单线图。

异径管单线图

如图4.19所示为同心异径外接头单线图。

阀门单线图

阀门单线图如图4.20所示。

图4.17 三通单线图

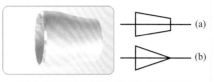

图4.19 同心异径外接头单线图
[(a)、(b)两种画法皆可]

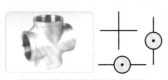

图4.18 同径四通单线图

图4.20 阀门单线图

4. 了解管子的积聚、重叠和交叉

管子的积聚

积聚：垂直于投影面的直线，其投影是一个点（为便于识别，一般将其绘成一个圆心带点的小圆）。

一根直管的积聚

直管的积聚：⊙

弯管的积聚

弯管的积聚见图4.21。

管子与阀门的积聚

管子与阀门的积聚见图4.22。

管子的重叠

重叠：长度相等、直径相同的两根管子叠合在一起，其投影就会重合成一根管子。

两路管线的重叠

两路管线的重叠如图4.23所示。

多路管线的重叠

四路成排管线的平面图及立面图如图4.24所示。图4.25为四路管线的重叠图。

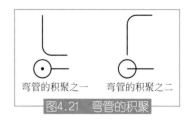

图4.21 弯管的积聚

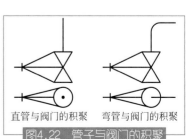

图4.22 管子与阀门的积聚

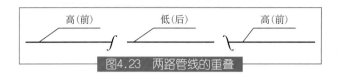

图4.23　两路管线的重叠

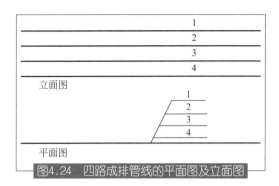

图4.24　四路成排管线的平面图及立面图

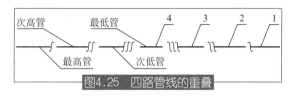

图4.25　四路管线的重叠

＋ 管子的交叉

以两路管线交叉的单线图为例，高的管线在投影中表达完整，低的管线要断开表示，如图4.26所示。

图4.26　两路管线的交叉

任务二　识读管道轴测图

图4.27表明了贮槽里的原料进入混合槽的流程：泵通过进口处的管道从贮槽抽取原料，然后通过泵的出口管道把原料送入混合槽。这路管线看似简单，根据正投影法绘制的图样也能表明管线的空间走向和具体位置，但是这些图样是分散的、单面的，缺乏立体感和形象感，使人不能方便识图、熟悉现场乃至顺利操作。

有无更好的方法能简单、清晰、完整地表明管线及设备的空间走向和具体位置，使操作工准确建立管线的立体概念、从而方便操作呢？

图4.28则清晰表明了贮槽、泵、混合槽的具体位置和管线的空间走向，使操作人员准确建立起立体概念，这就是管道轴测图。

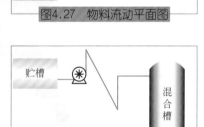

图4.27　物料流动平面图

图4.28　物料流动立体图

1. 理解轴测投影知识

（1）三视图

以一个立方体正投影的三视图（见图4.29）为例。

图4.29虽然表达了立方体的形状和大小，但每个视图只能分别表示立方体 *A*、*B*、*C* 三个面中某一个面的具体形状，即只能反映出立方体长、宽、高三个尺度中的两个，很明显，单看三视图不仅缺乏立体感，而且不易读懂。因此常用轴测投影的方法来表示物体的形状和位置。

（2）轴测投影的形成

＋ 直角坐标体系

由三根相互垂直的轴（直角坐标轴）、相同的原点、计量单位等因素所构成的坐标体系。

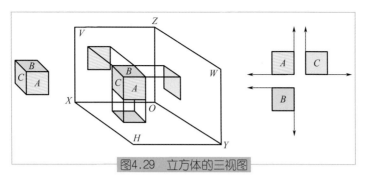

图4.29　立方体的三视图

▶ 直角坐标轴

在直角体系中交于一点且相互垂直的三条直线（如上图的OX轴、OY轴、OZ轴）。

从OX轴、OY轴、OZ轴上可以确定物体在空间位置（左右、前后、上下）及具体尺寸。

▶ 坐标体系

确定空间每个点及其相应位置之间关系的基准体系。

▶ 原点

坐标轴的基准点。

▶ 坐标平面

任意两根坐标轴所确定的平面。

 轴测投影

▶ 轴测投影（轴测图）

将物体连同其参考直角坐标系，用平行投影法将它们投影在单一投影面上所得到的图形，称为轴测图（立体图），如图4.30所示。

▶ 轴测投影面

轴测投影也属于平行投影，且只有一个投影面。轴测投影被选定的单一投影P，称为轴测投影面。

图4.30中绿框面为轴测投影面，该面上的图形即为轴测投影（即轴测图）。

▶ 轴测投影轴

直角坐标轴OX、OY、OZ在轴测投影P上的轴测投影OX_1、OY_1、OZ_1，称为轴测投影轴，简称投影轴。

▶ 轴向缩短率

因空间直角坐标轴对轴测投影面倾斜成一定角度，故坐标轴在轴测投影面上的投影长度将会缩短，所以：

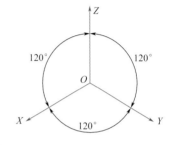

图4.30　立方体的轴测图

$$轴向缩短率 = \frac{轴测轴上单位长度}{对应直角坐标轴上单位长度}$$

2. 了解轴测图的相关信息

轴测图是用一组平行的投射线将物体连同其直角坐标系一起投在一个新的投影面上所得到的图形，如图4.31所示。

 轴测图的特点

▶ 图面表达直观、形象，富有立体感；

一个投影面中同时反映出物体的长、宽、高三个方向的形状，操作人员便于识读，有利于管路系统的安装与拆卸；

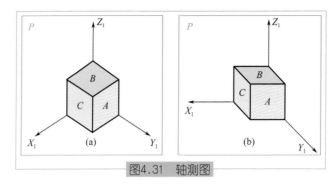

图4.31 轴测图

➤ 清晰表明管路系统的空间走向和具体位置；
➤ 一种常用的辅助图样。

🔸 轴测图的分类

根据投射线与投影面的不同位置可分为两大类：

➤ 正轴测图

投影方向垂直于轴测投影面得到的投影，如图4.31(a)所示。

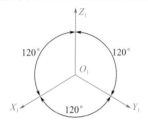

正等测图的轴间角互成120°；
O_1X_1、O_1Y_1与水平线成30°；
O_1Z_1与水平线成90°直角相交；
三个轴向缩短率均为0.82，为方便起见均取值为1。

➤ 斜轴测图

投影方向倾斜于轴测投影面得到的投影，如图4.31(b)所示。

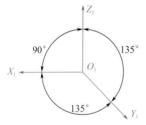

O_1X_1与O_1Z_1成90°直角相交；
O_1X_1、O_1Z_1分别与O_1Y_1成135°；
两个轴向缩短率为1，另一轴向缩短率为0.5。

3. 识读管道轴测图

管道轴测图是根据轴测投影原理绘制的管线立体图，直观性强，容易识读，是常用的一种辅助用图样。

（1）轴测图的基本特性

🔸 平行性

因为轴测图采用的是平行投影法投影，所以物体上互相平行的线段，在轴测图中仍然互相平行。

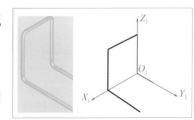

🔸 轴测性

物体上只有与坐标轴互相平行的线段，才能按其相应的轴向变形系数沿轴直接测量尺寸。

🔸 真实性

物体上平行于轴测投影面的线段和平面，在轴测图上反映的原长和原形。

（2）正等轴测轴方位的选定

确立OX、OY、OZ三个轴测轴与左右、前后、上下六个方位的关系。

✦ 确认方位标

选定北方（N），其他方向随之而定。见图4.32。

✦ 两种选轴方法

➤ 前后走向的管线选OY轴方向；

左右走向的管线则与OX轴方向一致；

垂直立管的方向与OZ轴方向一致。

见图4.33。

➤ 前后走向的管线选OX轴方向；

左右走向的管线则与OY轴方向一致；

垂直立管的方向与OZ轴方向一致。

见图4.34。

图4.32　方位标的确认

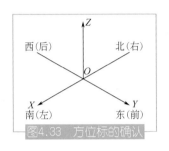

图4.33　方位标的确认

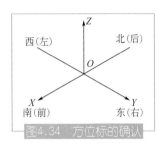

图4.34　方位标的确认

（3）管线及管件轴测图的识读

✦ 管线的轴测图

➤ 单路管线

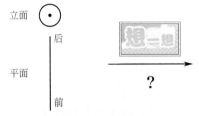

➤ 多路管线

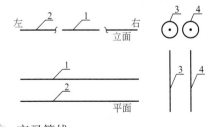

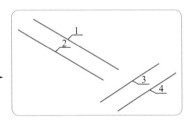

➤ 交叉管线

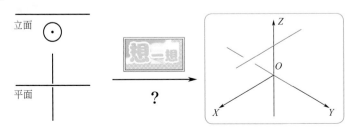

▄ 弯管的轴测图

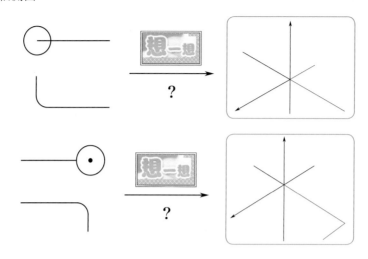

......

▄ 三通的轴测图

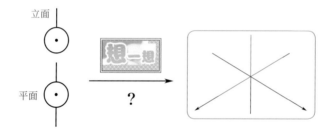

......

4. 了解单管图

单管图为一段管道（设备与设备之间或设备与管道之间）及其所附管件、阀门、控制点等具体配置情况的立体图样。单管图实景图如图4.35所示。

单管图又称之为管段图、管道轴测图等，按正等轴测图投影绘制。

单管图的内容有如下。

（1）图形

用正等轴测投影原理绘制的管段及所属阀门、管件、仪表控制点等图形符号。

（2）标注

标注出管段编号、管段所连接的设备位号、其他管道编号、管口符号、物料流向、安装尺寸等。

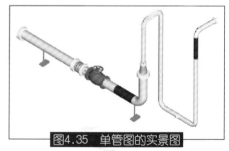

图4.35 单管图的实景图

（3）方向标

（4）技术要求

技术要求包括对制造、焊接、热处理、压力实验等的要求。

（5）材料表

表示预制管段的材料、尺寸、规格及数量等。

（6）标题栏

趣味活动

1. 去化工企业参观，学习识读相关图纸；
2. 试一试，看懂下列管道系统的空间走向和管件位置。

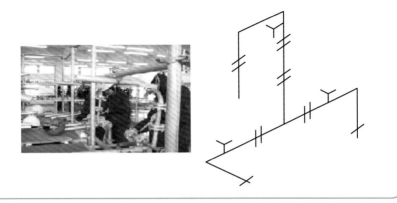

项目小结

1. 轴测投影的基础知识
　○　轴测投影知识
　○　轴测图
2. 管道单线图与管道轴测图
　○　管道单线图
　○　管道轴测图

项目四　识读化工设备图

（Reading Chemical Equipment Drawings）

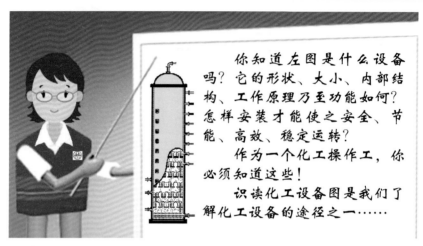

你知道左图是什么设备吗？它的形状、大小、内部结构、工作原理乃至功能如何？怎样安装才能使之安全、节能、高效、稳定运转？

作为一个化工操作工，你必须知道这些！

识读化工设备图是我们了解化工设备的途径之一……

表示化工设备的形状、大小、结构和制造安装等技术要求的图样称为化工设备图，见图4.36。

化工设备图主要反映了化工设备的结构特点，其表示的主要内容有相关视图、必要尺寸、技术说明、明细表、管口表等。

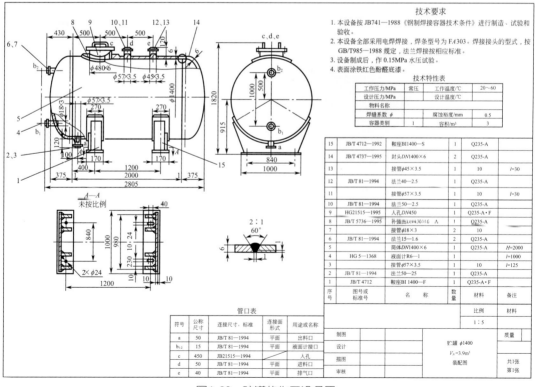

图4.36　贮罐的化工设备图

任务一　了解化工设备的分类

1. 了解化工设备的分类

化工设备：化工生产中所用的机器和设备的总称。

化工设备通常可分为两大类：

（1）化工机器（动设备）（见单元三项目三）

（2）化工设备（静设备）（见单元三项目三）

化工设备中：

反应器的作用_____；

容器的功能在于_____；

塔器主要进行_____；

换热器可以进行_____。

2. 认识化工设备的结构特点

（1）广泛采用标准化零部件

零部件和焊接结构广泛采用标准化、通用化、系列化，例如人孔，管法兰，封头等均为标准化零部件。

（2）壳体以回转形体为主

化工设备的壳体主要由筒体和封头两部分组成，其中筒体以回转体为主，尤以圆柱形居多，封头以椭圆形、球形等回转体最为常见。

（3）尺寸相差悬殊

化工设备的总体尺寸与设备的某些局部结构（例如壁厚，管口等）的尺寸，往往相差悬殊。

例如精馏塔多为几十米高，塔径为1～2m，壁厚则不足20mm，壁厚与直径尺寸相差很大。

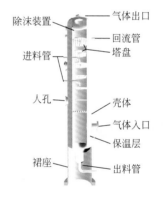

（4）有较多的开孔和管口

化工设备壳体的轴向位置上，往往有较多的开孔和管口，用以安装各种零部件和连接管路。

如图4.36所示，在设备上分布有手孔（c）和五个接管口（a、b_1、b_2、d、e）。

（5）大量采用焊接结构

化工设备各部分结构的连接和零部件的安装连接，广泛采用焊接的方法。

如图4.36所示，不仅筒体由钢板卷焊而成，其他结构，如筒体与封头，管口，支座，人孔的连接，也大多采用焊接方法。焊接接头的形式主要有搭接、角接、对接和T形接等。

（6）很多需要特殊材料制备

任务二　掌握化工设备图包括的内容

设备是化工生产过程中的"硬件"，是原料变成产品的"载体"。化工设备图的阅读，可以帮助人们了解设备的结构特点及工作原理，从而正确进行设备的操作、保养、拆装和维修。

化工设备在图示方面具有一些特殊表达方法，以图4.36为例。

化工设备图应包括以下内容。

（1）一组视图

视图表达了设备的结构、形状和零部件之间的装配连接关系。

例如，图4.36显示了某贮罐的结构和形状，就采用了主视图、左视图、筒体与封头焊接处的局部放大图和鞍式支座的剖视图来表示。

（2）必要尺寸

必要尺寸指的是用以表示设备的总体大小、性能、规格、装配和安装等的尺寸数据，为制造、装配、安装、检验等提供依据。

🔸 总体（外形）尺寸

表示设备外形总长、总宽和总高的尺寸为总体尺寸，它又称为外形尺寸。这类尺寸对于设备的包装、运输、安装及厂房设计等是必要的参考条件。

如图4.37所示：该贮罐的总长2805mm、总高1820mm、总宽（筒体外径）1412mm。

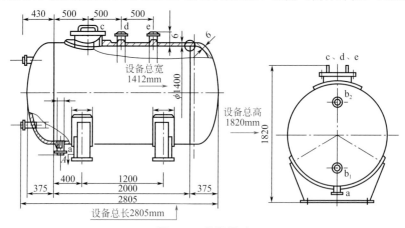

图4.37　外形尺寸

🔸 特性尺寸

反映设备的主要性能、规格和生产能力等的尺寸。

如设备筒体的定形尺寸，固体催化剂（或填料）的装填高度、塔板间距等。

图4.38表示了贮罐内径ϕ1400mm，筒体长度2000mm，壁厚6mm。

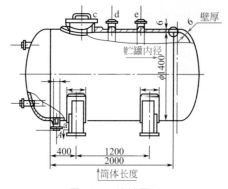

图4.38　特性尺寸

🔸 装配尺寸

表示零部件间装配关系和相对位置的尺寸，是制造化工设备时的重要依据。如接管间的定位尺寸、接管的伸出长度等，换热管的排列方式及定位尺寸等。

如图4.39所示。

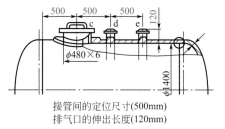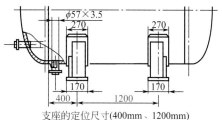

图4.39　装配尺寸

接管间的定位尺寸(500mm)
排气口的伸出长度(120mm)
支座的定位尺寸(400mm、1200mm)

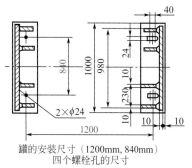

罐的安装尺寸(1200mm、840mm)
四个螺栓孔的尺寸
图4.40　安装尺寸

✦ 安装尺寸

表示设备安装在基础或其他构件上所需的尺寸。

如支座上地脚螺栓孔相对位置的尺寸，见图4.40。

✦ 其他尺寸

设备零部件的规格尺寸，可查阅明细表或该表所列的零部件图样。

（3）管口符号和管口表

对设备上所有的管口用小写拉丁字母按顺序编号，并在管口表中列出各管口有关数据和用途等内容，如图4.41所示。

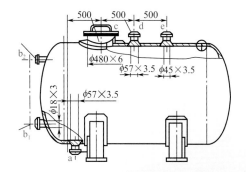

管口表

符号	公称尺寸	连接尺寸，标准	连接面形式	用途或名称
a	50	JB/T 81—1994	平面	出料口
b₁₋₂	15	JB/T 81—1994	平面	液面计接口
c	450	JB 21515—1994		人孔
d	50	JB/T 81—1994	平面	进料口
e	40	JB/T 81—1994	平面	排气口

图4.41　管口符号和管口表

（4）技术特性表和技术要求

用表格的形式列出设备的主要工艺特性，如操作压力、温度、物料名称、设备容积等；用文字说明设备在制造、检验、安装等方面的要求。表4.8为技术特性表。

表4.8　技术特性表

工作压力/MPa	常压	工作温度/℃	20～60
设计压力/MPa		设计温度/℃	
物料名称			
焊缝系数ϕ		腐蚀裕度/mm	0.5
容器类别	1	容积/m³	3

（5）明细表

在设备图上对设备的所有零部件进行编号，并在明细栏中对应填写每一零部件的名称、规格、材料、数量等内容，若是标准零部件，还要在代号一栏填写标准代号，见表4.9。

表4.9 明细表

序 号	图号或标准号	名 称	数 量	材 料	备 注
15	JB/T 4712—1992	鞍座 BI1400—S	1	Q235-A	
14	JB/T 4737—1995	封头 $DN1400\times6$	2	Q235-A	
13		接管 $\phi45\times3.5$	1	10	$l=30$
12	JB/T 81—1994	法兰 40—2.5	1	Q235-A	
11		接管 $\phi57\times3.5$	1	10	$l=30$
10	JB/T 81—1994	法兰 50—2.5	1	Q235-A	
9	HG 21515—1995	人孔 $DN450$	1	Q235-A · F	
8	JB/T 5736—1995	补强圈 $DN450\times6$—A	1	Q235-A	
7		接管 $\phi18\times3$	2	10	
6	JB/T 81—1994	法兰 15—1.6	2	Q235-A	
5		筒体 $DN1400\times6$	1	Q235-A	$H=2000$
4	HG 5—1368	液面计 B6—1	1		$l=1000$
3		接管 $\phi57\times3.5$	1	10	$l=125$
2	JB/T 81—1994	法兰 50—25	1	Q235-A	
1	JB/T 4712	鞍座 B1 1400—F	1	Q235-A · F	

（6）标题栏

用于填写设备名称、主要规格、绘图比例、图号及责任者等内容，见表4.10。

表4.10 标题栏

			比例	材料	
			1：5		
制图			贮罐ϕ1400 $V_N=3.9\text{m}^3$ 装配图	质量	
设计					
描图				共1张	
审核				第1张	

任务三 识读化工设备图

1. 掌握识读要求

（1）了解设备的名称、用途、性能和主要技术特性。

（2）了解设备整体的结构特征和工作原理。

（3）了解各零部件的材料、结构形状、尺寸以及零部件间的装配关系。

（4）了解设备上的管口数量和方位。

（5）了解设备的相关技术要求。

2. 熟悉识读步骤

（1）概括了解

从标题栏、明细栏、管口表、技术特性表及技术要求处了解：

⬇ 设备名称、规格、绘图比例；

➡ 零部件的数量及主要零部件的选型和规格；

➡ 设备的管口表、技术特性表及技术要求。

（2）全面分析

➡ 视图分析

➤ 设备图上存在的视图种类及相互关系；

➤ 各视图的表达方法与表达内容；

➤ 各视图之间的关系和作用等。

➡ 零部件分析

➤ 对照明细表，认识图纸中主要零部件的结构、形状、大小及装配关系；

➤ 了解各零部件之间的装配关系；

➤ 标准化零部件根据需要可查阅相应的标准。

➡ 尺寸分析

设备图中的各部件之间的相对位置及尺寸基准。

➡ 管口分析

➤ 借助管口表，认识每一管口的用途及其在设备上的轴向和径向位置；

➤ 明确各种物料在设备内的进出流向。

➡ 技术特性分析

借助技术特性表和明细表，掌握设备的性能、主要技术指标，了解焊接方法、装配要求、质量检验等具体要求。

（3）归纳总结

➡ 设备整体认识与想象；

➡ 设备结构、用途、特性、工作原理、工作过程；

➡ 物料流向；

➡ 零部件信息等。

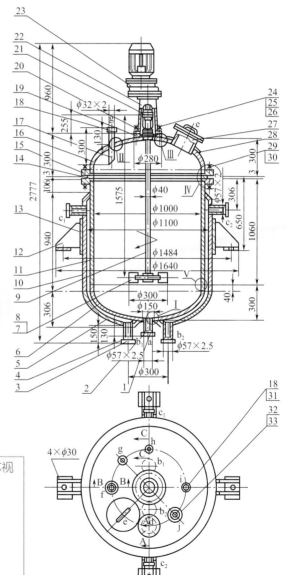

趣味活动

1. 识读图4.42反应器的基本视图（主视图、俯视图）

　具体要求：（1）小组讨论

　　　　　　（2）小组展示

　　　　　　（3）分析评价

　　　　　　（4）师生总结

2. 现场参观，根据图纸认识相关设备

图4.42　反应器的基本视图

技术要求

1. 本设备的釜体用不锈复合钢板材制造，复层材料为1Cr18Ni9Ti，其厚度为2mm。

2. 焊缝结构除有图示以外，其他按GB/T 985—1988的规定，对接接头采用V形，T形接头采用 $\triangle$ 形，法兰焊接按相应标准。

3. 焊条的选用：碳钢与碳钢焊接采用EA4 303焊条；不锈钢与不锈钢焊接、不锈钢和碳钢焊接采用E1-23-13-160JFHIS。

4. 釜体与夹套的焊缝应进行超声波和X射线检查，其焊缝质量应符合有关规定，夹套内应进行0.5MPa水压试验。

5. 设备组装后应试运转，搅拌轴转动轻便自如，不应有不正常的噪声和较大的震动等不良现象。搅拌轴下端的径向摆动量不大于0.75mm。

6. 釜体复合层内表面应进行酸洗钝化处理。釜体外表面涂铁红色酚醛底漆。并用80mm厚软木作保冷层。

7. 安装所用的地脚螺栓直径为M24。

技术特性表

内容	釜内	夹套内
工作压力/MPa	常压	0.3
工作温度/℃	40	-15
换热面积/m²	4	
溶剂/m³	1	
电机型号及功率	Y100L₁-42.2kW	
搅拌轴转速/(r/min)	200	
物料名称	酸、碱溶液	冷冻盐水

管口表

符号	公称尺寸	连接尺寸，标准	连接面型式	用料或名称
a	50	JB/T 81—1994	平面	出料口
b_{1-2}	50	JB/T 81—1994	平面	盐水进口
c_{1-2}	50	JB/T 81—1994	平面	盐水出口
d	120	JB/T 81—1994	平面	检测口
e	150	JB/T 589—1979	/	手孔
f	50	JB/T 81—1994	平面	碱液进口
g	25	JB/T 81—1994	平面	碱液进口
h		M27×2	螺纹	温度计口
i	25	JB/T 81—1994	平面	放空口
j	40	JB/T 81—1994	平面	备用口

序号	代号	名称	数量	材料	备注
33		接管 $\phi45\times2.5$	1	1Cr18Ni9T	$l=145$
32	JB/T 81	法兰 40-2.5	2	1Cr18Ni9T	
31		接管 $\phi32\times2$	1	1Cr18Ni9T	$l=145$
30	GB/T 41	螺母 M20	36		
29	GB/T 5780	螺栓 M20×110	36		
28	GB/T 4736	补强圈 DN125×8	1	Q235-A	
27	GB/T 589	手孔 A PN1 DN150	1	1Cr18Ni9T	
26	GB/T 93	垫圈 12	6		
25	GB/T 41	螺母 M12	6		
24	GB/T 898	螺柱 M12×35	6		
23		减速器 L JC-250-23	1		
22		机架	1	Q235-A	
21		联轴器	1		组合件
20	HG/T 5019	填料箱 DN40	1		组合件
19		底座	1	Q235-A	
18	JB/T 81	法兰 25-2.5	2	1Cr18Ni9T	
17		接管 $\phi32\times2$	1	1Cr18Ni9T	
16	JB/T 4737	椭圆封头	1	1Cr18Ni9T	Q235（外）
15	JB/T 4702	法兰	2	1Cr18Ni9T	Q235（外）
14	JB/T 4704	垫片 1000-2.5	1	石棉橡胶	
13		垫板 280×180	4	Q235-A	$t=10$
12	JB/T 4725	耳座 B3	4	Q235-A·F	
11	GB/T 9019	釜体 DN1000×10	1	1Cr18Ni9T	Q235（外）
10	GB/T 9019	夹套 DN1100×10	1	Q235-A	$l=970$
9		轴 $\phi40$	1	1Cr18Ni9T	
8	JB/T 1906	键 12×45	1	1Cr18Ni9T	
7	HG/T 5-221	搅拌器 300-40	1	1Cr18Ni9T	
6	JB/T 4737	椭圆封头	1	1Cr18Ni9T	Q235（外）
5	JB/T 4737	椭圆封头	1	Q235-A	
4		接管 $\phi57\times2.5$	4	10	$l=155$
3	JB/T 81	法兰 50-2.5	4	Q235-A	
2		接管 $\phi57\times2.5$	2	1Cr18Ni9T	$l=145$
1	JB/T 81	法兰 50-2.5	2	1Cr18Ni9T	
序号	代号	名称	数量	材料	备注

	比例	
	1:10	

制图		反应器 DN1000 $V_N^2 = 1m^3$	质量	11
设计			S55-3-31	
描图				
审核			共 张第 张	

项目小结

1. 化工设备的分类
- ◎ 动设备
- ◎ 静设备

2. 化工设备的结构特点

零部件趋向于标准化、壳体以回转形体为主、尺寸相差悬殊、有较多的开孔和管口、大量采用焊接结构等。

3. 化工设备图的表达方法

一组视图、必要尺寸、管口符号和管口表、技术特性和技术要求、明细表、标题栏等。

4. 化工设备图的识读步骤

1. 什么是正投影？什么是三视图？
2. 根据下列图形，说出三视图的投影特性及投影规律。

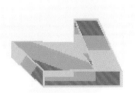 

3. 看图填空：对照立体图，将对应的俯视图、左视图号码填入表中。

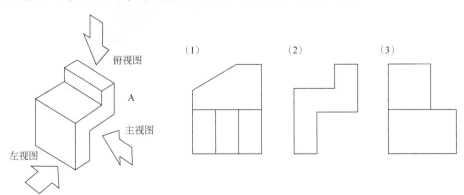

（1）　　　　　（2）　　　　　（3）

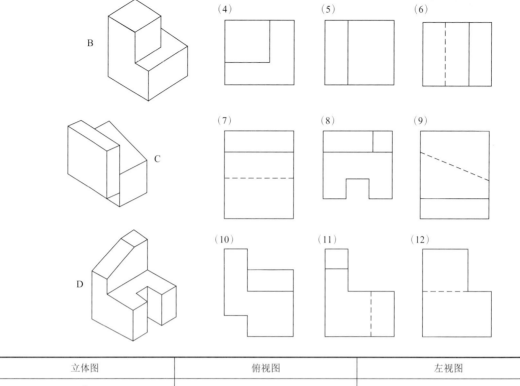

立体图	俯视图	左视图
A		
B		
C		
D		

4.看图填空：根据所给的三视图选择对应的立体图填入括号内，并在三视图中补画出所缺少的线条。

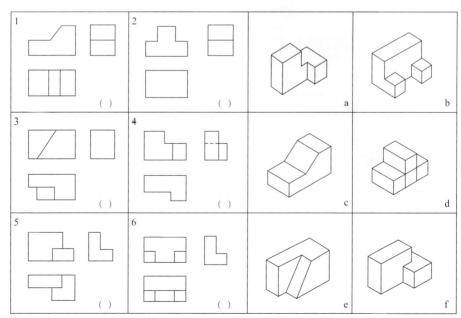

5.请根据下列物体形状绘制三视图。

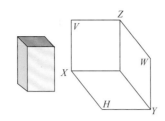

6.请画出下列两个物体的三视图。

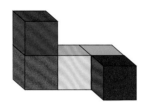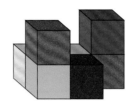

7.化工工艺流程图的作用是什么？主要分为几种类型？

8.工艺流程示意图的内容和特点是什么？

9.绘制工艺流程示意图的具体要求和表达方法有哪些？

10.已知某化工装置的"甲醇回收单元"流程如下，请根据流程绘制该回收单元的工艺流程示意图。

来自废甲醇槽V601的甲醇水溶液由进料泵P601A/B打至预热器E601预热后进入甲醇精馏塔T601中部。塔釜直接通入蒸汽加热进行常压精馏。塔顶蒸出的甲醇蒸汽经冷凝器E602冷凝后靠重力流入甲醇受槽V602，并经由甲醇回流泵P602A/B部分送入塔顶，部分采至精甲醇槽V603。甲醇精馏塔T601的釜液（废水）经釜液泵P603A/B打至预热器E601与进料间壁换热冷却后排至废水系统处理。

11.PFD的特点体现在什么地方？

12.请说出如何识读PFD？

13.根据教材第四单元"图4.10苯乙烯粗馏工段物料流程图"，请回答下列问题：

（1）本图是_____塔的_____图。图中共有_____台设备，其中主要设备是_____，它的内径为_____mm，总高度为_____mm，塔板数为_____块。

（2）通过物料衡算表格我们可以知道进料的总质量流量为_____，塔顶出料的质量流量为_____，塔釜出料的质量流量为_____。

（3）试填写下表。

换热器名称	进料预热器	再沸器	釜液冷却器	塔顶第1冷凝器	塔顶第2冷凝器
热负荷/MW					
传热面积/m²					
热媒（冷媒）					

（4）苯乙烯粗馏塔的操作条件：塔顶温度_____，塔顶余压_____；塔釜温度_____，塔釜余压_____。

（5）冷却水在换热器内被_____，容易_____，因此通常是走_____程，以便_____；而加热蒸汽在再沸器中通常是走_____程。

（6）在换热器中，冷却水的流向总是_____进_____出；而加热蒸汽总是_____进_____出。

14. 怎样在PID上表示某反应器上的压力控制点？要求呈现记录、控制及高位报警功能。

15. 请说出如何识读PID？

16. 请根据下表中各仪表控制点图形和符号，分别阐述所表达的要求和意义。

仪表控制点符号	被测变量	仪表功能	工段序号	回路序号	仪表安装地点
FRC 203					
PI 201					
TT					
AR 201					
LIC 204					
PC					
TRCA 203					

17. 什么是管道的单线图？什么是管道的轴测图？

18. 轴测图的特点有哪些？

19. 绘制下列管道的左立面图或平面图。

(1)

(2)

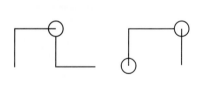

(3)

(4)

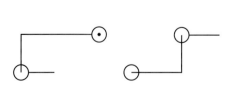

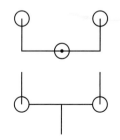

20.根据图中a、b、c、d四根管的立面图，将四根管的管号由前至后进行排列。

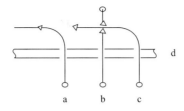

21.请说出下图管道的走向及管件的名称和位置。

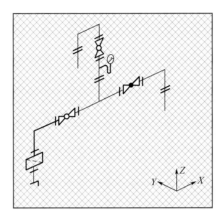

22.根据下列管段的平立面图，绘制管段的轴测图，尺寸在图中直接量取。
（轴向缩短率取作1）

（1）

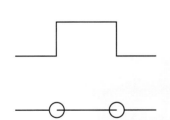

（2）

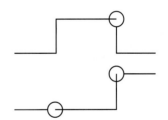

23.化工设备的结构有哪些特点？

24.化工设备图表达了设备的哪些信息？

25.如何识读化工设备图？

26.根据教材第四单元"图4.42反应器的基本视图"，请回答下列问题：

（1）该设备为_____的装配图，设备容积为_____，简体公称直径为_____，绘图比例为_____。

（2）视图以_____视图为主，另有一个_____图。

（3）该设备共有_____种零部件，其中_____种标准件。主要结构包括_____、夹套、搅拌装置、_____装置和轴封装置及_____种管口。

（4）搅拌轴材料为_____，直径为_____，用_____电动机带动，转速为_____。

（5）该反应器的传热装置采用_____，用盐水冷却降温至_____，由管口_____进入，由管口_____引出。

参考文献

[1] 曾繁芯. 化学工艺学概论. 第2版. 北京：化学工业出版社，2009.

[2] 唐有棋等. 化学与社会. 北京：高等教育出版社，1997.

[3] 田铁牛. 化学工艺. 第2版. 北京：化学工业出版社，2007.

[4] 雷良钊. 化工识图. 北京：电子工业出版社，2012.

[5] 赵少贞. 化工识图与制图. 北京：化学工业出版社，2007.

[6] 蔡夕忠. 化工仪表. 第2版. 北京：化学工业出版社，2008.

[7] 王旭等. 管道工识图教材. 第3版. 上海：上海科学技术出版社，2005.

[8] 韩玉墀. 化工工人技术培训读本. 第2版. 北京：化学工业出版社，2014.

[9] 陈性永. 化工工人必读——操作工. 北京：化学工业出版社，2008.

[10] 张振宇. 化工产品检验技术. 第2版. 北京：化学工业出版社，2012.

[11] 中国石油天然气集团公司人事服务中心，中国石油化工集团公司人事部. 石油化工通用知识. 北京：中国石化出版社，2007.

[12] 王奇. 化工生产基础. 第3版. 北京：化学工业出版社，2012.

[13] 苏勇. 化工生产运行员（中级）. 北京：中国劳动社会保障出版社，2011.